-

DIE FARBE DES SCHEITERNS

Wie grüne Ideologie unser Land zerstört

Somerset West – Südafrika
Oktober 2024

VORWORT

Logischer Verstand und Einblick in elementare technische Zusammenhänge schaffen noch keine besseren Demokraten, aber sie erschweren es der politischen Klasse, den Bürger zum Narren zu halten. Die sinnlosen, aber extrem kostspieligen Maßnahmen zur Klimarettung, die Energiewende und den Atomausstieg hätte man gegen eine naturwissenschaftlich aufgeklärte Bevölkerung nicht durchsetzen können.

Zu dieser Aufklärung soll das vorliegende Buch einen Beitrag leisten. In 50 thematisch geordneten Artikeln erfahren Sie, warum der grüne Wasserstoff aus Namibia nichts als ein teurer grüner Wahn ist, wieviel Kerosin auf den Flügen einer reiselustigen Außenministerin verbrannt wird und wie es wäre, wenn ein „Taurus" den Reichstag zum Ziel hätte. So ganz nebenbei werden Sie bei der Gelegenheit in die Welt der Zahlen, der Megawatts und Gigabytes eingeführt, und Sie erkennen energetische Zusammenhänge in Sachen Sonne, Wind und Wärme.

Manche dieser Artikel wurden während der vergangenen anderthalb Jahre von kritischen Medien wie der „Achse des Guten", „Tichys Einblick", „Vera Lengsfeld" oder „Eike" veröffentlicht, und sie erschienen auf dem Blog des Autors. Es gab viele Leserbriefe mit Wertungen im Spektrum von „völlig falsch" bis „grandios". Der moderate Kommentar von Frau Anna Hegewald in der „Achse" vom 03.01.2024 kommt dem repräsentativen Mittelwert recht nahe:

„Vielen Dank für diesen interessanten Einblick."

Autor

Dr. Hans Hofmann-Reinecke hat in München und Berkeley Physik studiert und war dann Professor an der Universität in Santiago de Chile.

Er beendete seine akademische Laufbahn und ging als „Nuclear Watchdog“ zur Internationalen Atombehörde in Wien. Danach leitete er ein mittelständisches Unternehmen für Medizintechnik.

Zwanzig Jahre lang beriet er Hightech-Firmen beim Management ihrer Projekte; heute lebt er in Südafrika und schreibt Bücher. Er liebt die Fliegerei und die italienische Oper.

Ich würde mich freuen, von Ihnen zu hören.

Kontakt: hans@think-again.org

Blog: www.think-again.org

INHALT

- 1

DIE FARBE DES SCHEITERNS Wie Ideologie unser Land zerstört 1

Teil 1: GRÜNER GRÖSSENWAHN 9

WAHNHAFTE STÖRUNGEN NATIONALER TRAGWEITE 11

WER GEGEN MONSTER KÄMPFT 17

GIGAWATT – DIE MASSEINHEIT FÜR GRÖSSENWAHN 23

KÄUFLICHE WISSENSCHAFT 29

EIN PAVIAN IM BUNDESTAG 35

TYPISCH DEUTSCH TYPISCH GRÜN 39

DER STAAT IST NICHT DIE LÖSUNG - DER STAAT IST DAS PROBLEM 45

NIETZSCHE HATTE UNRECHT 47

Teil 2: GRÜNER KOLONIALISMUS 55

DEUTSCH – SÜDWEST 2.0 57

GUT GEMEINT 65

VERBOTENE NAMEN 69

ENERGIEWENDE IN SÜDAFRIKA 75

ROTER WASSERSTOFF AUS NAMIBIA 81

EIN FALSCHER KREDIT 87

Teil 3: TEMPORA MUTANTUR 93

FRANCISCO IN BERLIN 95

EIN BURGGRABEN UM DEN REICHSTAG 99

MEHRHEIT, WAHRHEIT UND GRÜNE DOKTRIN 103

SCHWARMINTELLIGENZ 109

ERWACHSEN WERDEN 115

ERWACHSEN WERDEN DIE LÖSUNGEN 121

Teil 4: ERDERWÄRMUNG UND PHYSIK 129

KLIMAWANDEL - EIN APRILSCHERZ? 131

LEKTIONEN VON MUTTER SONNE 141

DIE WOLKENMACHER ... 145
GEFÜHLTE TEMPERATUREN ... 149
GLOBAL WARMING - HALB SO SCHLIMM ... 155
PHYSIK UND KLIMAWANDEL DIE ANGST VOR DER WAHRHEIT ... 161
WIRD DUBAI DIE WENDE BRINGEN? ... 167
Teil 5: WENDE OHNE ENDE ... 173
RETTET PROMETHEUS ... 175
ENERGIEWENDE - JETZT IN EINFACHER SPRACHE ... 179
RÜCKENWIND FÜR DAS E - AUTO ... 183
DIE WELT SETZT AUF KOHLE UND WIR FRIEREN ... 187
Teil 6: DAS ATOM IST DEIN FREUND ... 193
ES GEHT UM RACHE UND NICHT UM CO2 ... 195
DEUTSCHLANDS NUKLEARE GEISTERFAHRT ... 199
DIE BOMBE FÜR DIE MULLAHS ... 203
THREE MILE ISLAND GEHT WIEDER ANS NETZ ... 207
MEHR GELD FÜR MEHR KERNKRAFT ... 211
WAHNHAFTE STÖRUNGEN UND DER RÜCKBAU ... 215
WUNDERWAFFE THORIUM ... 221
DER GUTE WOLF VON TSCHERNOBYL ... 227
Teil 7: DIE FREUDEN DER LUFTFAHRT ... 235
SCHEUKLAPPEN UND LANDEKLAPPEN ... 237
DAS DESASTER UND DAS WUNDER VON TOKIO ... 241
PILOTENFEHLER BEI BOEING ... 245
EIN PLANET MEHR AM HIMMEL ... 251
PIONIERE IN DER SACKGASSE ... 257
RÜCKFLUG VERSPÄTET SICH ... 263
ILLUSIONEN IM COCKPIT ... 267
TAURUS KEIN UNBEKANNTES FLUGOBJEKT ... 271
Teil 8: ES GEHT AUCH ANDERS ... 277
DAS WUNDER AM SAMBESI ... 279

DON'T CRY FOR ME ARGENTINA 283
VIVA BENITO JUÁREZ 289
EINE RUSSISCHE PROPHETIN 295
UNGLEICHE BRÜDER 299
BOBBY COME BACK 305
3000 JAHRE AUF DEM IRRWEG 309
ENDE 313

Teil 1:

GRÜNER GRÖSSENWAHN

WAHNHAFTE STÖRUNGEN NATIONALER TRAGWEITE

Die deutsche Politik zeigt seit Jahren deutliche Symptome wahnhafter Störungen. Entscheidungen entspringen illusorischen Vorstellungen, die jeder sachlichen Beobachtung widersprechen, an denen man dennoch eisern festhält. Kritiker werden mit unangemessener Aggressivität abgefertigt.

Ein Dackel ist kein Corgi

Wahn ist eine falsche Beurteilung der Realität, an welcher der Betroffene unerbittlich festhält. Er wird dann Beobachtungen, die seiner irrigen Überzeugung dienen, als Beweis interpretieren, und solche, die im Widerspruch dazu stehen, als Verschwörung. Er ist aber kein Lügner, er ist nur krank.

Diese psychologischen Störungen sind harmlos, solange sie Themen betreffen, die für die praktische Lebensführung keine Bedeutung haben. Wenn sie aber zu Aktionen führen, die den Betroffenen, oder gar Außenstehende schädigen, dann muss sich die Gesellschaft der Person annehmen.Wenn etwa Frauchen überzeugt ist, ihr Dackel sei ein Corgi vom königlichen englischen Hof, so kann man sie getrost in diesem Glauben lassen. Falls sie aber auch glaubt, sie lebe in England, und müsse daher auf der linken Straßenseite fahren, dann muss eingegriffen werden.

In der deutschen Politik werden nun seit Jahren die Symptome wahnhafter Störungen immer deutlicher. Ganz offensichtlich sind Entscheidungen und Handlungen zunehmend durch Leugnung der Realität geprägt, und es besteht kein Zweifel, dass besagte Handlungen auch Folgen für Außenstehende haben. Die Zivilgesellschaft sollte sich also der Sache annehmen.

Ein Katalog voller Illusionen

Aus der Liste der politischen Illusionen soll hier, als Beispiel der Klimaschutz analysiert werden. Diese Illusion besteht in der irrigen

Überzeugung, dass sich Deutschland auf erneuerbare Energien umstellen müsse, um das Weltklima zu retten.

Das entspricht nicht der Wirklichkeit, es ist eine wahnhafte Störung. Tatsache ist, dass Deutschlands CO2-Emission im globalen Vergleich keine Rolle spielen. Vor allem angesichts des ungebremsten Ausbaus von Kohlekraftwerken in den BRICS-Staaten sind Deutschlands Bemühungen nicht mehr als eine sinnlose Geste. Wir können das Klima weder schädigen noch schützen. Diese Tatsache ist durch eine Vielzahl von allgemein zugänglichen Statistiken zu überprüfen, und auch die Tatsache, dass kein anderer Staat eine ähnliche Politik verfolgt, sollte zu denken geben. Aber die Politik sagt: „Jetzt erst recht!“. Das ist eine Reaktion, die für Psychotiker typisch ist.

Anders als die erwähnte „Corgi-Illusion“ ist der Wahn „Klimaschutz“ allerdings keineswegs harmlos; er hat fatale Folgen für Deutschland. Der Schaden, welcher Landschaft, Wirtschaft und Bevölkerung im Namen des Klimas zugefügt wird, ist von einer Größenordnung, wie sie sonst nur in Kriegszeiten zu beobachten ist.

Wer ist der Patient?

Aber wer ist nun der Patient? „Die Politik“ ist ja kein Subjekt für wahnhafte Störungen, dahinter müssen Menschen stecken. Suchen wir sie zunächst in der politischen Klasse, inklusive Medien. Welcher Prozentsatz dieser Personen ist davon überzeugt, dass eine gefährliche Erwärmung des Planeten eintritt, falls Deutschland nicht seine CO2-Emissionen abdreht?

Ich vermute, dass diese Überzeugung eher in den niedrigeren Rängen zu finden ist. Unter den Entscheidern gibt es sicherlich einige, die keineswegs an die Notwendigkeit des CO2 Ausstiegs glauben, die aber dennoch dieses Dogma vertreten und danach handeln. Wer aber eine These verbreitet, von der er weiß, dass sie falsch ist, der ist ein Lügner; und wer nach dieser These zu seinem eigenen Vorteil handelt, der ist ein Betrüger.

Jedenfalls sind die vermeintlichen Maßnahmen zur Rettung des Klimas bislang ohne irgendeinen politischen Widerstand durchgeführt worden. Die dafür verantwortlichen Personen sind also entweder von wahnhaften Störungen befallen, oder sie sind Betrüger, oder sie haben keine Ahnung von dem Metier, für das sie verantwortlich sind.

Die Lämmerherde

Die Mehrheit der Bevölkerung macht sich vermutlich nicht die Mühe, die Sinnhaftigkeit der Klimapolitik zu hinterfragen. Sie folgt den Medien und wird spontan die Überzeugung ihrer Umgebung annehmen. Sie ist entweder nicht in der Lage oder nicht willens sich eine eigene Meinung zu bilden. Und sie wird Beobachtungen selektiv als Beweis für ihre Überzeugung anführen. Sie wird sagen: „So einen heißen Tag hat es noch nie gegeben, wir müssen unbedingt, was gegen den Klimawandel tun."

Sie wird vielleicht noch andere Beobachtungen machen, etwa wie Windturbinen mit riesigen Kränen, Stahlseilen und Männern mit Helmen und Walkie-Talkies aufgerüstet werden, und sie sagt sich dann: „Wow, das sind echte Profis, die wissen, was sie tun." Und sie folgert daraus, dass der ganze Klimaschutz wohl ebenso gut überlegt, geplant und in guten Händen ist. Aber die gut organisierte, disziplinierte Durchführung eines Vorhabens ist noch kein Beweis, dass das ganze Vorhaben ebenfalls gut und sinnvoll ist. Das lehrt uns jedenfalls die Geschichte.

Seltsame Rituale

Gruppen, die durch eine bestimmte wahnhafte Überzeugung zusammengehalten werden, bezeichnet man auch als Sekten. Dort werden oft seltsame Rituale praktiziert, denen sich insbesondere Novizen zu unterziehen haben. Sie müssen sich vielleicht selbst geißeln, oder schmerzhafte Tätowierungen zufügen, oder auf eine viel befahrene Straße kleben. Die Geschichte lehrt uns auch, dass solche Sekten großen Einfluss bekommen können, dass ihre Anführer wie Götter verehrt werden, dass sie dann aber plötzlich in einem apokalyptischen Kollaps verschwinden. Vielleicht werden wir ja dieser Tage Zeugen eines solchen apokalyptischen Zusammenbruchs.

***

WER GEGEN MONSTER KÄMPFT

Symbole, Gesten oder Vokabeln, die im Entferntesten mit dem Nationalsozialismus assoziiert werden könnten, sind heute tabu. Zuwiderhandelnde werden unerbittlich an den Pranger gestellt. Und nicht nur das, jegliche Kritik am aktuellen Zeitgeist wird pauschal als „Nazi" klassifiziert, auch wenn sie keinerlei Bezug zum Dritten Reich hat. Diese Obsession mit der NS-Vergangenheit ist nicht harmlos. Sie könnte als rhetorischer Vorhang dienen, hinter dem sich ein neuer Totalitarismus entwickelt. Werden die Kämpfer gegen das rechte Monster nun selbst zum Monster?

Unerwünschte Ähnlichkeit

Nationalismus bedeutet, die Interessen der eigenen Nation über alles andere zu stellen: über das Wohlergehen der eigenen Bürger und über die Existenz anderer Staaten. Die Heiligkeit der eigenen Nation berechtigt zu Kriegen, in denen fremde Länder zerstört und die eigene Bevölkerung auf dem Schlachtfeld geopfert wird. Diese Weltanschauung wurde uns Deutschen durch den zweiten Weltkrieg gründlich ausgetrieben. Nationalismus ist nicht mehr existent, von vereinzelten, eher skurrilen Episoden abgesehen. Dennoch behandelt die heutige Politik das kleinste Aufflammen dieser gestrigen Ideologie mit übertriebener Theatralik; und nicht nur das, sie betrachtet die eigene nationale Identität als peinliche Notwendigkeit.

Internationale sportliche Ereignisse dienen dazu, die Völker der Welt auf einem unpolitischen Spielfeld zusammenzubringen, um sie in harmlosem Wettkampf näher zu bringen. Man zelebriert Fairness und den gemeinsamen Respekt vor sportlichen Regeln, auch wenn man sonst vielleicht nichts gemeinsam hat. Und so wie bei einem Kongress die Teilnehmer Namensschildchen tragen, so tragen die Sportler zu ihrer Identifikation die Farben ihres Landes.

Das Schwarz-Rot-Gold war der woken deutschen Politikeria dann des Guten zu viel, und man versuchte es durch die Farben des Regenbogens zu neutralisieren. Wer nun bei solch einem Event seiner simplen nationalen Identifikation noch eine politische Botschaft anhängt, der handelt taktlos, idiotisch und zeigt, dass er den Sinn solcher Spiele nicht verstanden hat. Unsere Regenbogen-Sportler aber taten genau das. Sie mussten die Welt belehren: „Schaut auf uns. Ihr alle müsst so woke werden, wie wir es sind. Am deutschen Wesen soll die Welt genesen."

Übrigens, auch bei der Berliner Olympiade 1936 zeigte Deutschland nicht seine Landesfarben, so wie alle anderen Nationen das taten, sondern man zeigte die Fahne mit dem Symbol der dominanten politischen Richtung. Sie werden jetzt vielleicht protestieren: „Das kann man doch um Himmels Willen nicht vergleichen. Der Regenbogen bedeutet Friede, Toleranz und Freundschaft, während die Nazi Flagge genau das Gegenteil in die Welt posaunte. Aber Vorsicht: Es gibt da dieses Phänomen der unerwünschten Ähnlichkeiten:

Dinge, die auf ersten Blick verschiedener nicht sein könnten, zeigen im Lichte höherer Abstraktion oft verblüffende Ähnlichkeit.

Mit dem Teufel im Bunde

Hier ein weiteres Beispiel unerwünschter Ähnlichkeit: uns allen ist natürlich klar, dass die Anstrengungen zum gesetzlichen Verbot der AfD und die Errichtung einer „Brandmauer" nicht etwa opportunistischem, parteipolitischem Kalkül entspringen, sondern dem konsequenten, mutigen Kampf gegen Rechts. Die kleinste Regung des nationalistischen Monsters muss in den Keimen erstickt werden. Das ist gelebte Demokratie.

Das Verbot einer politischen Partei wäre allerdings kein Novum in Deutschland. Am 22. Juni 1933 untersagt die NS-Regierung der Sozialdemokratischen Partei Deutschlands jegliche politische Aktivität und erklärt sie zur staatsfeindlichen Vereinigung. Sie protestieren jetzt vermutlich erneut: „Die SPD ist eine gute Partei, aber die AfD, das weiß doch jeder, die steckt mit dem Teufel im Bunde! Und die SPD wurde damals verboten, um die Demokratie abzuschaffen, während die AfD selbst eine Gefahr für die Demokratie darstellt."

Ja, ich höre, was Sie sagen, und auf den ersten Blick ist Ihre Reaktion vielleicht verständlich. Von einer höheren Warte aus kann man aber die Ähnlichkeit der Begriffe „verfassungsfeindlich" und „staatsfeindlich" kaum übersehen. Beim Kampf gegen das „rechte

Monster“ wird da vielleicht ein neues Monster geschaffen. Friedrich Nietzsche drückte das so aus: *„Wer mit Ungeheuern kämpft, mag zusehen, dass er nicht dabei zum Ungeheuer wird.“*

Wir kommen wieder

Als ein gewisser Bernd Lucke an der Uni Hamburg eine Vorlesung hält, kommt es vor dem Hörsaal zu Tumulten. „Alle zusammen gegen den Faschismus", brüllt eine Gruppe von etwa 30 jungen Menschen, während einige von ihnen, gekleidet in schwarze Pullover, in den Hörsaal eindringen. Lucke und die Studenten flüchten durch den Seiteneingang. "Wir konnten das nicht mehr aufhalten", sagte ein Sicherheitsmann, und die Demonstranten riefen: "Wir kommen wieder."

Auch dem berühmten Professor Werner Heisenberg widerfuhr es, dass seine Vorlesungen immer wieder durch Aktivisten unterbrochen wurden, die in seinen Hörsaal stürmten und über Politik statt über Quantenmechanik diskutieren wollten. Die hatten allerdings keine schwarzen Pullover an, sondern die braunen Hemden der Hitlerjugend. Und auch damals konnten die Ordnungskräfte die Störer angeblich nicht in den Griff bekommen.

Man kann die beiden Vorfälle auf ersten Blick nicht vergleichen, denn der eine Protest war angeblich „gegen den Faschismus“ gerichtet, der andere diente seiner Verbreitung. Und dennoch gibt es hier wieder eine unerwünschte Ähnlichkeit, derer sich die Protagonisten nicht bewusst sind: Politische Bewegungen verraten sich nicht durch die Ziele, die sie proklamieren, sondern durch die Methoden, mit denen sie ihre Ziele verfolgen. Und diese waren in beiden Fällen furchterregend ähnlich.

Der zweite Kopf

Drachen haben oft zwei Köpfe, und sie können überleben, auch wenn sie einen verlieren. Der Nationalsozialismus ist solch ein Monster. Der der eine Kopf, der des Nationalismus liegt abgeschlagen am Boden, der andere aber, der Sozialismus, blieb unversehrt, und er scheint dem Monster neue Kräfte zu verleihen.

Sozialismus ist die sicherste Methode, um ein Land zu ruinieren. Das Versprechen der Gerechtigkeit führt dazu, dass früher oder später alle gleich arm sind, bis auf die politischen Eliten. Jeder sozialistische Staat muss deshalb totalitär sein; er mischt sich bis in die persönlichsten Lebensbereiche ein, bis hin zum Essen und zum Duschen. Und er duldet nur eine Meinung. Ein totalitärer Staat kann nur überleben, wenn jeder Einzelne bereit ist, andauernd und über alles zu lügen. Und natürlich lügt der Führer selbst und bestraft solche, die die Wahrheit sagen.

Dieser totalitäre Geist muss auf allen Ebenen der Gesellschaft etabliert sein, so dass in einem wirklich totalitären Staat Ehemänner ihre Frauen und Eltern ihre Kinder belügen, so geschehen in der DDR, nachzulesen bei Vera Lengsfeld („Ich wollte frei sein"). Ja, und auch in der heutigen Bundesrepublik trauen sich nur noch 40% der Bevölkerung frei ihre Meinung zu äußern!

Der einschlägigen Gehirnwäsche ist es gelungen, den Sozialismus als Gegenpol zum Faschismus zu verkaufen, wobei er doch in Wirklichkeit der andere Kopf desselben Monsters ist. Perfekte sozialistische Propaganda führte dazu, dass die politischen Morde in der DDR als Kavaliersdelikte abgetan wurden, und dass Parteimitglieder der Sozialistischen Einheitspartei ziemlich reibungslos Zugang in die Politik der Bundesrepublik fanden, die bis dahin eine recht gut funktionierende freiheitliche Demokratie war.

Das Monster Nationalsozialismus hat nur einen Kopf verloren, der andere, sozialistische Kopf ist dem Monster geblieben, welches alles tut, um Deutschland zu ruinieren. Oder, um es mit Friedrich Nietzsche auszudrücken: Der Held, der das Ungeheuer Nationalismus erlegt hat, ist bei diesem Kampf selbst zum Ungeheuer namens Sozialismus geworden.

***

GIGAWATT –
DIE MASSEINHEIT FÜR GRÖSSENWAHN

Der geplante Ausbau von Photovoltaik um den Faktor drei wird keine Probleme lösen, aber gigantische Kosten und Einbußen an Lebensqualität mit sich bringen. Hindernisse auf dem Weg in das organisierte Desaster werden systematisch aus dem Weg geräumt.

Vor 92 Jahren

1931 schrieb der kluge Kopf Hanns Günther in seinem Buch „Die künftige Energieerzeugung der Welt / Die Welt ohne Kohle“ das Folgende:

Das alles klingt auf dem Papier durchaus plausibel. Man darf nur nicht zu rechnen beginnen. Jede Umsetzung einer Energieform in eine andere verzehrt Kraft. Und hier folgen mehrere Energie-Umwandlungen aufeinander. Die Folge ist ein sehr geringer Wirkungsgrad. Verbunden mit der Unstetigkeit der Ausgangsenergie lässt sich daraus ohne weiteres die Unbrauchbarkeit solcher Vorschläge erkennen.

Damit war nicht Photovoltaik gemeint, aber heute verfolgt man exakt solch einen unbrauchbaren Vorschlag. Die Kette der Umwandlungen führt von Sonnenlicht per Photovoltaik zu Elektrizität, dann per Elektrolyse zu Wasserstoff und dann per Brennstoffzelle wieder zu Elektrizität. Das sind drei der oben erwähnten Umwandlungen. Ja, und auch die Unstetigkeit der Ausgangsenergie „Sonnenschein“ lässt sich nicht leugnen.

Hat man all das in den vergangenen 90 Jahren vergessen?

Vor 74 Jahren

1949 wurde die Bundesrepublik geschaffen, und kluge Köpfe haben sich damals überlegt, welche politische Instanz welche Befugnisse haben sollte. Man hatte ja schmerzlich gelernt, dass es ins Unheil führt, wenn eine zentrale Macht, eine zentrale Partei, die Gesellschaft bis ins letzte Detail kontrolliert. Also ist man dem Prinzip gefolgt: so dezentral wie möglich, so zentral wie nötig. Das ergab dann die Pyramide Gemeinde – Kreis – Land – Bund. Wenn zu entscheiden ist, ob Hintertupfing einen Maibaum aufstellt oder nicht, dann geht das nur die Hintertupfinger an, nicht den Bundeskanzler.

Nun kann es zu Konflikten kommen, etwa wenn die Bundesregierung die alternativen Energiequellen ausbauen möchte, aber die Zustimmung der Gemeinde braucht, um deren Grund und Boden mit Photovoltaik zu pflastern. Es könnte ja sein, dass die Bürger aus ihren Fenstern lieber auf Wiesen und Bäume schauen als auf ein Meer von grauen Paneelen.

Nun weiß man seit langem, dass sich von Menschen gemachte Regeln leichter umgehen lassen als Naturgesetze, und zu solch einem Zweck wurde jetzt das „Freiflächen Abgabengesetz" geschaffen. Es bestimmt, dass zur Genehmigung der Installation einer PV-Anlage der Betreiber einen Betrag von etwa 2000 Euro pro Megawatt (MW) in die Kasse der betroffenen Gemeinde bezahlen muss. Bei 100 MW fällt die Entscheidung für manch einen Bürgermeister dann leichter. 100 MW bedeutet dann aber auch die Fläche von 200 Fußballfeldern.

Zu solchen Vorhaben müssen daher auch die Bürger angehört werden. Das wird nun zeitgemäß digitalisiert. Statt im Gemeindesaal Einspruch zu erheben kann der Bürger das per E-Mail tun – und darf dann diesen Standard - Bescheid erwarten: „Wir danken für Ihre Nachricht und haben volles Verständnis für Ihren Einwand. Bedenken Sie aber bitte, dass gemäß §...Leider können wir daher...."

Bahn frei in den Wahnsinn

Unter Missachtung der Naturgesetze und Umgehung aller demokratischer Regeln, ist nun die Bahn frei für den alternativen Wahnsinn. Bis 2030 soll Photovoltaik mit insgesamt 215 Gigawatt installiert werden. Sie können sich das nicht vorstellen? Ich helfe Ihnen. Aktuell sind ca. 67 Gigawatt Photovoltaik installiert, also etwa ein Drittel davon. Installierte Leistung wird manchmal auch als „Peak" apostrophiert, und soll bedeuten, diese elektrische Leistung würde bei optimaler, senkrechter und wolkenfreier Sonneneinstrahlung erreicht - mit anderen Worten: nie.

Wieviel Platz bräuchten wir dafür? Ein Gigawatt (GW) ist dasselbe wie 1000 Megawatt (MW). Bei einem Flächenbedarf von ca. 1 Hektar pro Megawatt (je nach Quelle und Interessenlage finden Sie hier auch andere Zahlen) , braucht 1 GW also etwa 10 Quadratkilometer. Bei der angestrebten Leistung von 215 GW würden dann im Jahre 2030 über 2000 Quadratkilometer Deutschlands mit PV-Modulen zugepflastert sein. Das entspräche übrigens dem Flächenbedarf von Autobahnen mit einer Gesamtlänge von 40.000 km! Deutschland hat derzeit 13.500 km davon.

Was bekommen wir dafür?

Was uns der PV-Wahn hinsichtlich Terrains kostet, haben wir jetzt gesehen. Was er an Geld kostet, das wollen wir uns lieber nicht anschauen – nur eines ist gewiss: letztlich bezahlt alles der deutsche Verbraucher.

Was aber ist unser „return on Investment", was bekommen wir zurück für Geld und Grund, die in die Sache hineingesteckt werden? Die 2022 in Deutschland installierte Photovoltaik hat uns 57,6 Terawattstunden (TWh) gebracht, das sind gut 10% von Deutschlands Strombedarf. Wenn es sich Sone und Wetter nicht anders überlegen, dann bekämen wir von der auf 215 GW erweiterten Photovoltaik dann im Jahre 2030 183 TWh geliefert, also rund ein Drittel des gesamten Strombedarfs.

Das ist aber nur ein Teil der Wahrheit.

Stellen wir uns einen perfekten, wolkenfreien Sommertag über ganz Deutschland vor, dann bekämen wir ja tatsächlich 215 Gigawatt geliefert! Wohin damit? Das Land kann ja nur ein Viertel davon brauchen! Und da kommt der rettende Wasserstoff ins Spiel. Der Überschuss wird eingesetzt, um durch Elektrolyse Wasserstoff zu erzeugen, der gespeichert wird und bei Bedarf in Brennstoffzellen wieder zu Strom verwandelt wird. Wie zuvor erwähnt hat das Ganze einen miserablen Wirkungsgrad, aber das ist noch nicht alles.

Zurück in die Zukunft

Da haben wir also diesen sonnigen Sommermittag mit 100 oder 200 Gigawatt Überschuss an Elektrizität. Damit könnte man gleichzeitig alle Bügeleisen Europas betreiben – wo sind die? Und woher sollen jetzt die Elektrolyse Anlagen kommen, um den Wasserstoff zu erzeugen, zu komprimieren und zu speichern? Das wären viele gigantische Anlagen, die noch dazu nur an wenigen wolkenlosen Sommertagen im Einsatz wären, und den Rest des Jahres vor sich hin rosten würden.

Aber das ist noch nicht alles. Auch wenn die Wasserstoffspeicher dann prall gefüllt sind, dann retten die uns bei Flaute und Wolken vielleicht über zwei oder drei dunkle Tage, aber nicht über die finsteren Wintermonate. Für Solar ist von Oktober bis April Schicht im Schacht.

Was ist die Lösung? Wir beamen uns 10 der 20 Jahre zurück, da gab es diese Probleme noch nicht. Da gab es statt Energiewende Strom und statt Sorgen ums Klima gab es Freude am Leben.

***

KÄUFLICHE WISSENSCHAFT

Wie steht es um die Wissenschaft in Deutschland? Hat sie in Sachen Corona, Klima und Atom die Regierung gelenkt, oder war es umgekehrt? Haben wissenschaftliche Erkenntnisse zu den Lockdowns geführt, oder hat die Regierung diese „Erkenntnisse" vorgegeben? Politik und Wissenschaft sind schlechte Bettgenossen, denn in der Politik geht es um Mehrheit, in der Wissenschaft um Wahrheit.

Ist Wissenschaft unfehlbar?

In Naturwissenschaft und Medizin ist eine Behauptung wahr, wenn sie mit der Beobachtung übereinstimmt. Vielleicht widersprechen Sie mir jetzt und halten mir vor, dass sich im Laufe der Zeit so manche Wahrheit der Physik später als Irrtum herausgestellt hat. Dass etwa die Wissenschaft von Sir Isaac Newton durch die moderne Physik widerlegt wurde.

Aber das ist nicht der Fall. Die Planeten haben im 17. Jahrhundert Newtons Gleichungen sehr genau befolgt, und sie haben ihren Lauf nicht an dem Tag geändert, als Einsteins Relativitätstheorie aufkam. Die Relativitätstheorie zeigt nur, dass Newtons Gesetze ungenau werden, wenn es um extrem hohe Geschwindigkeiten geht. Das ist aber nur beim Planeten Merkur der Fall, der der Sonne am nächsten ist. Dessen Bahn hatte sich noch nie genau an Newtons Gesetze gehalten, aber dank Einstein konnte man das jetzt erklären. Die Relativitätstheorie zeigte also die Grenzen der klassischen Physik auf, sie hat sie keineswegs widerlegt.

Physik ist ein Haus aus soliden Quadern, an dem fortlaufend gearbeitet wird. Es ist noch nicht vorgekommen, dass einer der tragenden Pfeiler sich als marode herausgestellt hätte. Diesen Erfolg verdanken wir der wissenschaftlichen Methode, mit der das Gebäude geschaffen wurde.

Erkenntnis mit Methode

Zur Erklärung ein Beispiel. Vor langer Zeit hatte ein Kollege in einem Experiment die Verletzung der so genannten Unschärfe-

Relation beobachtet. Dieses Gesetz ist der heilige Gral der Quantenphysik und ich fragte ihn: „Was habt ihr falsch gemacht?“ Er versicherte, dass alle möglichen Fehlerquellen x-mal überprüft wurden, und dass diese brisante Sache schnell veröffentlicht werden muss.

So geschah es, und bald wurde das Experiment an anderen Instituten wiederholt – allerdings mit anderem Resultat: die Verletzung der Unschärferelation wurde nicht beobachtet. Es kam zu intensivem Gedankenaustausch und bald sah mein Bekannter ein, dass der Hund bei ihm begraben war.

Das ist also die wissenschaftliche Methode: Der Forscher gewährt dem Rest der Welt totale Transparenz in seine Arbeit und andere Forscher werden seine Resultate entweder bestätigen oder in Frage stellen. Sie werden sich gegenseitig nicht als Leugner schmähen, sondern als nützliche Gesprächspartner willkommen heißen. Niemand wird verspottet oder gecancelt, denn irren ist menschlich.

Diese Methode bescherte uns nicht nur Klarheit über den Planeten Merkur, sondern auch so nützliche Dinge wie Computertomographie, mit der wir unseren Körper millimetergenau untersuchen können, oder Kernenergie, bei der weniger als ein Millionstel der Brennstoffmenge verbraucht wird als zuvor, oder die Halbleiter in den Chips unserer Smartphones.

Die Deutsche Physik

Wissenschaft bekam immer dann Probleme, wenn der andere Bettgenosse, die Politik, sich in das gleiche Bett zwängte. Das bekam 1600 Giordano Bruno auf dem Scheiterhaufen zu spüren, dessen Bild vom Universum der katholischen Kirche missfiel, und das bekam die moderne Physik zu spüren, die sich zu Beginn des 20 Jahrhunderts in Deutschland angesiedelt hatte. Die Politik der Nazis vertrieb damals die jüdischen Physiker, unter ihnen die besten der damaligen Zeit, und NS-konforme Wissenschaftler entwickelten dann eine deutsche, eine „arische Physik“.

Nach dem Krieg erholten sich die Naturwissenschaften in Deutschland erstaunlich schnell, und lieferten die notwendigen theoretischen

Grundlagen zum Wirtschaftswunder, zur Elektrotechnik, Kernenergie und dem Automobilbau.

Nie wieder?

Auch heute drängt sich erneut die Politik in die Domäne der Wissenschaft. Und das kam so: Im Jahr 2000 verlor Al Gore die Wahl zum US-Präsidenten gegen Bush Junior. Daraufhin entdeckte Gore sein Herz für das Klima und rief zum globalen Krieg gegen Kohlendioxid auf, welches angeblich die Atmosphäre aufheizt. Das Groteske ist nun, dass sich zum damaligen Zeitpunkt noch nie jemand über zu hohe Temperaturen beklagt hätte. Es fanden sich aber schnell so genannte „Wissenschaftler", welche die geforderte Erwärmung maßen und die mit Supercomputern ausrechneten, dass die Welt demnächst untergeht.

Das CO2 ist seither tatsächlich stetig angewachsen, Manhattan ist aber nicht im Meer versunken und die Gletscher des Himalayas sind nicht geschmolzen. Dafür sind astronomische Ströme von Dollars in die Taschen gewisser Akteure geflossen. Bisherigen Höhepunkt bildet die Klimakonferenz 2023 in Dubai, mit sage und schreibe 70.000 Teilnehmern, die wohl eher durch die Aussicht auf persönlichen Profit motiviert wurden als durch wissenschaftliche Wahrheit.

Wer heute in Deutschland das offizielle Narrativ zum „Klimawandel" hinterfragt, wird als Klimaleugner hingestellt, der dem Konsens der 97% widerspricht. Besagte 97% aber scheuen jede wissenschaftliche Diskussion, wie der Teufel das Weihwasser, denn sie wissen, dass ihre Aussagen einer kritischen Untersuchung nicht standhalten. Ihre Vergütung aber hängt davon ab, dass sie die Wahrheit lauthals leugnen.

Hohes Risiko und Lockdown

Die politischen Entscheidungen im Zusammenhang mit Corona, deren Nutzen ungewiss, deren schädliche Auswirkungen jedoch gesichert waren, wurden mit der Behauptung begründet, man folge der Wissenschaft.

Für Forschung in Sachen Infektionskrankheiten ist das Robert Koch Institut in Berlin zuständig. Hier wurde im März 2020 die Einschätzung des gesundheitlichen Risikos durch Corona von „mäßig“ auf „hoch“ angehoben. Diese Entscheidung diente der politischen Exekutive als Rechtfertigung für Lockdowns und andere einschränkende Maßnahmen.

Folgte man hier tatsächlich Erkenntnissen, die mit wissenschaftlicher Ethik und Sorgfalt erarbeitet worden waren? Bei so drastischen Eingriffen in die bürgerlichen Grundrechte sollte man das erwarten. Die Protokolle des RKI-Corona-Krisenstabs, die kürzlich durch Multipolar freigeklagt wurden, lassen vermuten, dass es nicht so war. Nicht wissenschaftliche Erkenntnisse, sondern Druck seitens der Regierung hat zu dieser Eskalation geführt! Die Regierung folgte also keineswegs der Wissenschaft, sondern zwang die Wissenschaftler des RKI, die gewünschten Ergebnisse zu liefern.

Ärzte, die sich ihrem Eid „primum non nocere“ (in erste Linie keinen Schaden anrichten) verpflichtet fühlten und die sich weigerten fragwürdigen politischen Direktiven zu folgen, wurden in Gefängnisse gesperrt und warten seit Monaten auf ihr Urteil. Sie sind die tapferen Erben von Giordano Bruno.

Die akzeptierte Lüge

Eine Lüge, oft genug wiederholt, wird schließlich von der Allgemeinheit akzeptiert; und nicht nur das, sie wird sogar verteidigt. Das ist in Sachen Klimawandel und Corona perfekt gelungen, und beim Atomausstieg war es nicht anders. Der wird bis heute durch die angeblichen 18.000 Todesopfer von Fukushima gerechtfertigt, obwohl seit 10 Jahren bekannt ist, dass nur eine Person durch radioaktive Strahlung ums Leben kam.

Und es ist zu befürchten, dass dieses Geschäftsmodell der akzeptierten Lüge sich wiederholen wird, insbesondere, weil neue

Generationen durch ihre Lehrerinnen weniger zu kritischem Denken, als zur „richtigen" Gesinnung erzogen werden. Das ist nicht gut so.

Über die Jahrhunderte entstand im Abendland ein solides Bauwerk aus wissenschaftlichen Erkenntnissen, die im ehrlichen Streben nach Wahrheit gewonnen wurden. Wissenschaft und Technik haben über die Jahrhunderte stetig dazu gelernt und damit die Lebensqualität der Menschheit kontinuierlich verbessert. Die Politik aber ist dadurch gekennzeichnet, dass sie die Wahrheit scheut, dass sie nicht an sich selbst zweifelt, dass sie nichts aus der Geschichte lernt. Und so errichtet sie immer wieder baufällige Türme, die ein ums andere Mal katastrophal zusammenbrechen und die Menschen unter sich begraben.

Das ist der Preis dafür, wenn eine Gesellschaft der Mehrheit folgt, und nicht der Wahrheit.

***

EIN PAVIAN IM BUNDESTAG

Paviane können Männlein und Weiblein eindeutig unterscheiden, und nicht nur das, sie reagieren unterschiedlich auf die beiden Geschlechter. Wie kann man ihnen klar machen, dass sie sich politisch inkorrekt verhalten? Oder kann man umgekehrt ihren Instinkt vielleicht nutzbringend einsetzen?

Ein schönes Urlaubserlebnis

Falls Sie planen, demnächst Urlaub am Kap der Guten Hoffnung zu machen, dann möchte ich Ihnen eine Warnung mit auf den Weg geben.

Sie sind vielleicht auf dieser wunderbaren Küstenstraße unterwegs und halten an, um den herrlichen Fernblick übers Meer zu genießen. Es ist angenehm warm, leichter Wind und kein Mensch weit und breit. Und doch wird jede kleinste Ihrer Bewegungen aufmerksam verfolgt, etwa wie Sie vor dem Aussteigen noch einen Schluck Cola trinken und die angebrochene Dose in die Mittelkonsole des Wagens stellen. Kaum sind Sie ein paar Schritte weg, da kommt er hinter dem Busch hervor, klettert auf den Wagen, greift mit seinem langen Arm durch das offene Schiebedach und holt sich die Cola. All das geht in „affenartiger" Geschwindigkeit, Sie haben keine Zeit, ihr Handy für ein Video aus der Tasche zu ziehen. Dann kippt der Kerl den Rest der Dose auf die Kühlerhaube und leckt das Zeug auf. Zivilisiert trinken können sie alle nicht, diese Paviane.

Was für den Touristen ein exotisches Erlebnis ist und eine willkommene Geschichte für daheim, das kann für Menschen, die schon länger hier leben, eine erhebliche Gefährdung, oder jedenfalls Beeinträchtigung der Lebensqualität darstellen.

Freunde hatten ein Haus am Berg, in das die frechen Affen regelmäßig eindrangen. Mit Dreistigkeit statt Intelligenz fanden sie jede offene Luke, jede Küchentür, die nur angelehnt war, und interpretierten das als Einladung zum Brunch. Nach kürzester Zeit lagen dann Zucker und Haferflocken samt zerrissenen Tüten auf den Boden, vermischt mit Milch von den kaputten Flaschen, die aus dem Kühlschrank gefallen waren.

Nicht satisfaktionsfähig

Das Erstaunliche war nun, dass die Parasiten sich kaum stören ließen, wenn der Herr des Hauses sie lauthals zur Flucht aufforderte. Erst als er, mit einem dicken Besenstiel in der Hand, drohend auf sie zustürmte, da reagierte das Pavian-Oberhaupt, zeigte die Zähe und verließ im Rückwärtsgang unter verächtlichem Zischen das Haus, und mit ihm die ganze Familie. Endlich hatten meine Freunde eine wirkungsvolle Waffe gefunden; so glaubten sie jedenfalls.

Nun ergab es sich, dass die Paviane wieder zu Besuch kamen, als der Herr des Hauses weg war. Jetzt bewaffnete sich Madame mit dem Besenstiel und stürmte wütend in die Küche. Aber sie wurde kaum wahrgenommen. Man zeigte ihr nicht einmal die Zähne und setzte die Mahlzeit ungestört fort. Der Häuptling der Gruppe hielt sie für nicht satisfaktionsfähig, sie war für ihn offensichtlich nur irgend so ein harmloses Säugetier.

Warum solch unterschiedliche Reaktionen auf Frau und Mann? Die Dame des Hauses war keineswegs schmächtig, und, so wie ihr Mann, in Jeans und T-Shirt gekleidet. Wieso also die Differenzierung zwischen den beiden, und die unterschiedliche Reaktion? Und nicht nur im Hause dieser Freunde geschah so etwas. Es gibt zahlreiche Anekdoten, wo auch in ganz anderen Situationen die Paviane konsequent Respekt vor den Männern hatten, die Frauen aber mit Missachtung straften.

How dare they!

Ein Pavian im Bundestag? (Vorsicht! Ab hier Satire)

Nun haben wir ja gelernt, dass wir uns ohnehin frei entscheiden können, ob wir Männlein oder Weiblein sind. Ja, es ist sogar im deutschen Bundestag schon vorgekommen, dass über das Geschlecht einer Person Uneinigkeit herrschte: Eine vermeintlich weibliche Abgeordnete wurde als „Herr“ angesprochen. War diese Person nun in Wirklichkeit Mann oder war sie Frau? Wer könnte in solchen Situationen ein objektives Urteil fällen? Nur ein Pavian!

Der ließe sich auch nicht durch Tricks wie Kleidung hinters Licht führen, denn er hat keine Ahnung von Mode und Accessoires. Einer Frau in Rockerkleidung würde er auf den Kopf zu sagen, dass sie kein Kerl ist, und er würde sich umgekehrt auch nicht durch Rüschen und Dessous täuschen lassen. Wäre es also hilfreich einen Pavian als Schiedsrichter in den Bundestag zu setzen?

Mit seiner Dreistigkeit statt Intelligenz würde er neben so manchem Abgeordneten kaum auffallen. Die entscheidende Frage aber ist, In welcher Fraktion er am besten aufgehoben wäre. Vielleicht sollte man ihm, im Sinne des Tierschutzes, die freie Wahl überlassen. Auf jeden Fall würde er im Bundestag schnell seine Illusion verlieren, dass weibliche Menschen auch nur irgend so ein Typ harmloser Säugetiere seien.

***

TYPISCH DEUTSCH
TYPISCH GRÜN

Noch nie hatte die Bundesrepublik eine Regierung, die so sichtbar bemüht war, sich von allem Deutschtum zu distanzieren, wie die aktuelle; und noch nie hatten wir eine, deren Repräsentanten so präzise dem Bild entsprechen, das man im Ausland vom Deutschen, vielleicht sogar vom „hässlichen Deutschen“ hat.

Die vollkommene Wahrheit

Zu diesem Thema soll zunächst Leo Tolstoi zu Wort kommen, in dessen Roman „Krieg und Frieden“ er den deutsche General Pfuel charakterisiert. Tauschen Sie diesen Namen nach Ihrem Gutdünken gegen den einer aktuellen Persönlichkeit aus, um zu sehen, ob Tolstois Eindruck auch noch heute zutrifft (ich wähle den Phantasienamen „Haber“).

Beginn des Zitats

Herr Haber war einer jener Leute mit einem unerschütterlichen, fanatischen Selbstvertrauen, wie man sie nur unter den Deutschen findet, weil nur die Deutschen Selbstvertrauen haben auf Grund einer abstrakten Idee – der Wissenschaft, das heißt, der angeblichen Erkenntnis der vollkommenen Wahrheit. Der Franzose hat Selbstvertrauen, weil er sich persönlich als Geist und Körper für unwiderstehlich bezaubernd hält, sowohl für Männer als für Damen. Der Engländer hat Stolz und Selbstvertrauen darum, weil er ein Bürger des besteingerichteten Reichs der Welt ist und darum, als Engländer immer weiß, was er zu tun hat und überzeugt ist, dass alles, was er als Engländer tut, unzweifelhaft gut sei. Der Italiener hat Selbstvertrauen, weil er von lebhaftem Temperament ist und leicht sich und andere vergisst. Der Russe hat Selbstvertrauen eben deshalb, weil er nichts weiß und nichts wissen will, weil er nicht glaubt, dass man irgend etwas sicher wissen könne. Der Deutsche besitzt ein stärkeres und widerlicheres Selbstvertrauen als alle anderen, weil er sich einbildet, er wisse die Wahrheit, die Wissenschaft, die er sich selbst erdacht hat, aber für absolute Wahrheit hält.

So war auch Herr Haber.

Zitat Ende

Das tote Pferd

Welche Wissenschaft, die er selbst erdacht hat, hält nun der heutige Deutsche für absolute Wahrheit? Nehmen wir ein Thema von großer Tragweite für unser Land: die Kernenergie. Im Lichte der Erkenntnis der absoluten Wahrheit verkündete der Kanzler: „Das Thema Kernkraft ist in Deutschland ein totes Pferd".

Auf genau dieses tote Pferd aber haben im Dezember 2023 während des Weltklimagipfels mehr als 20 Länder gesetzt: Die Vereinigten Staaten, Armenien, Bulgarien, Kanada, Kroatien, die Tschechische Republik, Finnland, Frankreich, Ghana, Ungarn, Jamaika, Japan, die Republik Korea, Moldawien, die Mongolei, Marokko, die Niederlande, Polen, Rumänien, die Slowakei, Slowenien. Schweden, Ukraine, Vereinigte Arabische Emirate und das Vereinigte Königreich. Sie alle haben eine Erklärung zur Verdreifachung der Kernenergie verabschiedet.

Konnten sie die absolute Wahrheit in des Kanzlers Worten nicht erkennen? Diese Geisterfahrer! Aber was schert das die deutsche Regierung. „Viel Feind – viel Ehr'".

Eine weitere „absolute Wahrheit" ist die Forderung, dass sich in den kommenden Jahren das Tempo der Emissionsminderung in Deutschland angesichts der Verantwortung für den Klimaschutz mehr als verdoppeln und dann bis 2030 verdreifachen muss (so die Aussage des zuständigen Ministeriums). Diese Forderung wird die Bürger Deutschlands teuer zu stehen kommen – und sie ist aus mehreren Gründen sinnlos: neuere Messungen lassen immer mehr Zweifel an der gängigen Theorie zu Global Warming aufkommen; Deutschlands Beitrag zum globalen CO2 Ausstoß ist vernachlässigbar; die großen CO2-Erzeuger China und Indien planen keinerlei Maßnahmen zur Emissionsminderung.

Aber „Klimaschutz" ist eben ein Teil der Wissenschaft, die Deutschland sich selbst erdacht hat, und für absolute Wahrheit hält. Und man ist stolz darauf, dass man handelt, auch wenn es weh tut, während die anderen Nationen bestenfalls Lippenbekenntnisse beitragen.

Ich weiß, dass ich nichts weiß

Diese traurige Liste „typisch deutscher" Besessenheiten ließe sich mühelos fortsetzen, es muss allerdings noch ein zusätzlicher Faktor betrachtet werden. Der ist nicht typisch deutsch, sondern spezifisch für die aktuelle Regierung.

Wer noch nie eine Alternative zu seinen Lebensumständen kennengelernt hat, der wird sie spontan für einzig und richtig einschätzen. Man kann sich Alternativen auch beim besten Willen nicht vorstellen, man muss sie erlebt haben. Es gibt da diese zwei Mönche, die sich fortwährend mit der Frage beschäftigen, wie es wohl eines Tages im Jenseits wäre. Um ihre Neugierde zu stillen, vereinbaren sie, dass der zuerst Verstorbene an einem bestimmten Tag zurück auf die Erde kommen sollte, um dem Hinterbliebenen vom Jenseits zu berichten. Da das Treffen vermutlich unter Zeitdruck stattfände, vereinbart man kurze Codewörter, auf lateinisch:

„Taliter" sollte bedeuten: Ja, im Himmel ist es so, wie wir beide es uns ausgemalt haben. „Aliter" - es ist anders. Endlich verstirbt einer, und gespannt wartet der Hinterbliebene. Am vereinbarten Termin erscheint wahrhaftig der Besuch aus dem Jenseits! Und was berichtet er?

„Totaliter Aliter".

Nun bringen die meisten Minister und wohl auch die Ministerinnen wenig fachliche Erfahrung für ihr Ressort mit, und vielleicht auch wenig Lebenserfahrung. Für sie ist jetzt alles „totaliter aliter". Wollen wir unserer Außenministerin ihre märchenhafte Karriere nicht neiden, sie ist ein modernes Aschenbrödel: über Nacht vom Plakat-Kleben zur First Lady mit persönlichem Visagisten und eigenen Flugzeugpark. Aber das ist nicht Disneyworld, das ist die raue Wirklichkeit, und da kann es für uns sehr teuer werden, wenn ein unerfahrener Minister seine erste weltfremde Idee für die einzig richtige hält.

Jemand, der sein halbes Leben in einer Fußgängerzone gewohnt hat, glaubt vielleicht, dass Fahrradwege das Wichtigste für den Fortschritt von Peru seien. Nun ja, teuer wird es nur, wenn einem

100.000 km entfernten Land der Krieg erklärt wird und wenn man mit der Regierung Thailands eine strategische Vereinbarung über die Lieferung von Computerchips abschließt.

Je weniger jemand weiß, desto arroganter verteidigt er seine simple Meinung. „Dummheit und Stolz wachsen auf einem Holz.“ Je mehr jemand weiß, desto weniger gibt es für ihn die absolute Wahrheit. Sokrates, dem vom Orakel zu Delphi offiziell bestätigt worden war, dass er der weiseste Mann auf Erden wäre, fasste sein Wissen in einem Satz zusammen: „Ich weiß, dass ich nichts weiß“.

Unsere Berliner Zauberer aber wissen, dass sie alles wissen. Die Wissenschaft, die sie sich selbst erdacht haben, halten sie für die absolute Wahrheit – und sie ist alternativlos.

***

DER STAAT IST NICHT DIE LÖSUNG - DER STAAT IST DAS PROBLEM

Der argentinische Präsident Javier Milei hielt in Davos, in der Höhle des Löwen, ein Plädoyer für die Freiheit. Das hat er in Spanisch gehalten. Hier die letzten Minuten seiner Rede – auf Deutsch.

¡Viva la libertad, viva Argentina - Carajo!"

„...abschließend möchte ich eine Nachricht für alle Geschäftsleute hier und für diejenigen hinterlassen, die nicht persönlich hier sind, aber aus der ganzen Welt folgen. Lassen Sie sich nicht einschüchtern, weder von der politischen Kaste noch von Parasiten, die vom Staat leben. Ergeben Sie sich nicht vor einer politischen Klasse, die nur an der Macht bleiben und ihre Privilegien behalten will.

Ihr seid die sozialen Wohltäter. Ihr seid die Helden. Ihr seid die Schöpfer der außergewöhnlichsten Wohlstandsperiode, die wir je gesehen haben. Lasst euch von niemandem sagen, dass euer Ehrgeiz unmoralisch ist. Wenn Ihr Geld verdient, dann deshalb, weil Ihr ein besseres Produkt zu einem besseren Preis anbietet und so zum allgemeinen Wohlbefinden beitragt.

Gebt euch nicht dem Vormarsch des Staates hin. Der Staat ist nicht die Lösung. Der Staat selbst ist das Problem. Ihr seid die wahren Protagonisten dieser Geschichte und könnt sicher sein, dass Argentinien ab heute Euer treuer und bedingungsloser Verbündeter ist.

¡Viva la libertad, viva Argentina - Carajo!"

(Es lebe die Freiheit, es lebe Argentinien - verdammt noch mal)

***

NIETZSCHE HATTE UNRECHT

Welches Gefühl befällt Sie beim Lesen der folgenden Worte?

Glaube - Schönheit – Ehre - Weisheit – Pflicht - Vaterland.

Falls jemand zugehört haben sollte, wird man Sie jetzt mit Verwunderung fragen, was das soll. Diese Dinge sind doch so was von gestern.

Ist Ehre noch zeitgemäß?

Schauen wir uns aber das Abendland der letzten 3000 Jahre an, dann gab es nirgends und niemals eine Epoche, in der eine dieser Tugenden verachtet wurde. Natürlich hat mancher nur so getan, als ob; natürlich waren viele Menschen weder schön noch weise, natürlich haben viele ihre Pflicht vernachlässigt oder ihr Vaterland verlassen. Die Färbung dieser Begriffe aber war stets positiv, und jeder hat Anstrengungen unternommen, einen Beitrag zu leisten, oder zumindest den Anschein zu erwecken; alles andere wäre als „ehrlos" oder „schamlos" empfunden worden.

Das Abendland hat in diesen 3000 Jahren viel geschaffen hat, das vom Rest der Welt gerne und ohne Zwang übernommen wurde. Und es könnte sein, dass die eingangs aufgezählten Tugenden mit dieser Überlegenheit im Zusammenhang stehen. Die politisch-mediale Elite der Gegenwart sieht das jedoch anders: 3000 Jahre lang war das Abendland auf dem Holzweg. 3000 Jahre lang, von Pythagoras bis Picasso, von Homer bis Hemingway hat man alles falsch gemacht. Die klassischen Tugenden sind heute bestenfalls peinlich, wenn nicht gleich Nazi.

Ich bin alt genug, um die Zeit vor und nach dieser Wende als Erwachsener miterlebt zu haben; und nicht nur das. Wie jemand sich verändert, wird besonders deutlich, wenn man ihn längere Zeit nicht sieht. So konnte ich durch Jahre im Ausland bei meinen Besuchen der alten Heimat deren Wandel wie im Zeitraffer erkennen. Und ich sah, wie diese „Wertewende" eine galoppierende gesellschaftliche, wirtschaftliche und kulturelle Dekadenz ausgelöst hatte

Gott ist tot

Ich bin im katholischen Bayern aufgewachsen. Meine Erinnerung ist, dass da kaum jemand wirklich fromm war, dass das Leben dennoch durch den stillen Konsens geprägt war, dass es etwas gibt, das wir gemeinsam haben und das wir ehren müssen. Da gab es natürlich Ausreißer, aber der alltägliche Umgang war durch christliche Werte geprägt. Die alte Kirche der Stadt, mit ihren goldenen Kelchen und silbernen Leuchtern, war Tag und Nacht geöffnet, ohne „Security" am Portal; das ewige Licht über dem Altar bot damals genügend Schutz.

Heute müsste das Christentum geschützt werden, aber niemand tut es. Man entfernt im vorauseilenden Gehorsam Kreuze aus öffentlichen Räumen, und unsere Minister verzichten beim Amtseid auf Gottes Hilfe. Die Pastoren und Bischöfe verbindet mit dem Christentum nur noch die gr0ßzügige Alimentierung durch die Kirchensteuer, ansonsten lecken sie dem Zeitgeist die Füße. Und Weihnachtsmärkte, die uns früher unter der schützenden Hand Gottes ein Gefühl der freudigen Besinnung schenkten, müssen heute durch Panzersperren gegen Lkw-Angriffe auf Leib und Leben gesichert werden.

Gott ist tot. Aber es kommt noch schlimmer. Für seinen Tod hatte Nietzsche damals die Aufklärung verantwortlich gemacht. Er sagte, der Mut, sich des eigenen Verstandes zu bedienen, würde Religion überflüssig machen. Ist das heutige Deutschland also von Aufklärung geprägt, vom Mut, sich des eigenen Verstandes zu bedienen? Das Gegenteil ist der Fall. Es fehlt sowohl an Mut als auch an Verstand.

Über die Dummheit

Es gibt drei Sorten von Dummheit: Mangel an Wissen, Mangel an Intelligenz und Mangel an beidem. Die Fähigkeit zur Aneignung von Wissen nimmt mit dem Alter kaum ab – im Gegensatz zu anderen Dingen. Das ist zwar keine Garantie dafür, dass alle Greise weise sind, aber es hat zur Folge, dass der junge Mensch, wie intelligent er auch sein mag, zwangsläufig auch dumm ist. Er hatte ja noch keine Zeit, um Wissen anzusammeln. Er wird all das für selbstverständlich halten, zu dem er noch nie eine Alternative gesehen hat – und was hat er schon von der Welt gesehen?

Politik ist ein Gebiet, auf dem Mangel an Wissen katastrophale Folgen hat. Die Römer wussten das und bestückten ihren Senat mit alten Männern, die gemeinsam mit dem Volk das Reich repräsentierten. Die vier Buchstaben „SPQR: Senatus Populusque Romanus" wurden 753 v. Chr. erstmals in Stein gemeißelt und schmücken noch heute, 3000 Jahre später, die Jerseys der römischen Fußballer. Es war ein Modell, das sich bewährt hat.

Eine Ansammlung alter, kluger Männer ist das präzise Feindbild der Clique, die heute den Ton angibt. Man plädiert dafür, dass auch Analphabeten zu Abgeordneten werden können, und man hat kein Problem damit, wenn jemand zum Wirtschaftsminister wird, der nicht weiß, was Wirtschaft ist, und eine Außenministerin, die nicht weiß, wie groß die Welt ist.

Nietzsche hatte unrecht. Wir haben Gott zwar getötet, wir haben ihn aber nicht durch den Mut zur Nutzung des eigenen Verstandes ersetzt! Wir leben in einem Land, in dem weder Religion noch Verstand eine Rolle spielen. Unsere Epoche ist von gottloser Dummheit geprägt, von Ideologie.

Solange ALDI offen ist

Glaube, Weisheit und der Sinn für das Schöne sind also auf dem Müll gelandet. Na und? Solange alles funktioniert, wir unser Geld verdienen, Aldi offen ist und wir Urlaub machen können, so lange ist doch alles in Ordnung.

Doch da kommt nun die bittere Wahrheit: Die Dinge funktionieren eben nicht mehr. Ohne den Sinn für Ehre und Verantwortung verroht auch das Alltägliche. Die reifen Früchte vergangener Zivilisation, die uns in den Schoß gefallen sind, waren auf der Basis von Weisheit, Ehre und Pflichtgefühl gediehen. Sie werden ausbleiben, wenn dieser Dünger fehlt, und das ist heute der Fall.

Unsere Minister legen routinemäßig Eide ab, wenn auch nicht vor Gott, so doch vor dem Gesetz:

„Ich schwöre, dass ich meine Kraft dem Wohle des deutschen Volkes widmen, seinen Nutzen mehren, Schaden von ihm wenden, das Grundgesetz und die Gesetze des Bundes wahren und verteidigen, meine Pflichten gewissenhaft erfüllen und Gerechtigkeit gegen jedermann üben werde."

Dieser Eid ist die Formalisierung der Übernahme von großer Verantwortung. Wer unter Eid wissentlich eine Falschaussage macht, begeht einen Meineid. Meineid ist ein Verbrechen. Wie kann also jemand schwören, seine Pflicht gewissenhaft zu erfüllen, wenn er weiß, dass dazu die Kompetenz fehlt? Wie kann jemand etwa die Verantwortung für die militärische Verteidigung des deutschen Volkes im Kriegsfall zu übernehmen, der (oder die) einen Helikopter nicht von einem Mähdrescher unterscheiden kann?

Die feigen Eliten

Auf höchster Ebene also werden die Werte, der wir unsere Zivilisation verdanken, entehrt und verhöhnt; und diese „vorbildliche" Verantwortungslosigkeit und Ehrlosigkeit ergießt sich wie eine übelriechende Kaskade über alle öffentlichen Institutionen.

Statt sich gegen den von der Politik unterstützten Verfall von Wissenschaft und akademischer Ausbildung zu wehren haben die Direktoren der Universitäten nichts Besseres zu tun, als Lehrstühle für Genderforschung zu schaffen, und hinter jede Ecke eine Frauenbeauftragte zu stellen. Aber auch die Großindustrie hat nie harte Kante gegen die wirtschaftsfeindlichen Maßnahmen der Regierung gezeigt, und die Energieversorger haben sich nicht gegen die Zerstörung ihrer Kraftwerke gewehrt. Die Eliten sind bei der Verteidigung unserer Zivilisation gar nicht erst zum Kampf angetreten.

Und so kommt der Widerstand jetzt aus dem Teil der Gesellschaft, in dem das gesagte Wort noch mehr Wert hat, wo die Männer und Frauen noch tüchtig sein müssen, wo man den Freunden vertraut und Feinde bekämpft. Er kommt aus dem Teil der Gesellschaft, die ohne die klassischen Tugenden nicht überleben könnte, weil sie Tag und Nacht mit der rauen Wirklichkeit konfrontiert ist, und nicht nur Twitter, Facebook und Co vor Augen hat.

Wollen wir hoffen, dass viele Städter sich den Bauern anschließen, sodass die grün-gelb-roten Kommandeure, die derzeit auf der Kommandobrücke stehen, entfernt werden und nicht noch mehr Schaden anrichten, als schon geschehen ist.

***

Teil 2:

GRÜNER KOLONIALISMUS

DEUTSCH – SÜDWEST 2.0

In Namibia läuft derzeit ein Projekt zur Herstellung von „Grünem Wasserstoff" an, welcher Wohlstand und wirtschaftliche Unabhängigkeit des Landes fördern soll. Doch das ist fraglich, denn das Vorhaben übersteigt hinsichtlich Finanzierung und technischer Durchführung die eigenen Kapazitäten des Landes um Größenordnungen. Es wäre nur mit massiver Unterstützung aus dem Ausland möglich, genauer gesagt aus Deutschland, welches auch Hauptkunde für das Produkt wäre, das auf dem freien Markt keine Chance hätte. Ist das nicht eine neue Form von deutschem Kolonialismus – ausgerechnet im ehemaligen „Südwest Afrika"?

Ein Geschäftsmann aus Bremen

Mein bevorstehender Besuch in Lüderitz veranlasst mich dazu, einen Blick auf das deutsch – namibische Wasserstoff Projekt zu werfen, dessen Startlöcher in besagter Kleinstadt im Süden des Landes derzeit gegraben werden.

Vorab jedoch ein paar Worte zu Namibia: Es ist zweieinhalbmal so groß wie Deutschland, mit nicht mehr Einwohnern als Hamburg. Ich habe das Land sowohl im Auto als auch auf eigenen Schwingen bereist. Mein Resümee: Es ist das Land der gigantischen Entfernungen. Von A nach B sind es immer mindestens 500, meist aber 1000 km. Es ist eine riesige Wüste, über die ein paar bewohnbare Flecken verteilt sind, an denen Städte entstanden.

Es sind aber so wenige, dass es genügt, jeweils die erste Hälfte des Namens zu sagen, und jeder weiß was gemeint ist: „Swakop", „Otji" oder „Walvis". Die unendlich lange Atlantikküste hat nur wenige Häfen und der Name „Skeleton Coast" spielt auf die sterblichen Überreste von Besatzungen gestrandeter Schiffe an, die sich hier zwar an Land retten konnten, dann aber verdursteten, statt zu ertrinken.

Im Mai 1883 nun kaufte der Geschäftsmann Adolf Lüderitz aus Bremen dem Häuptling Josef Frederiks II. von Bethanien einen Ankerplatz plus acht Kilometer Land im südlichen Abschnitt dieser Küste ab. Dort entstand dann die Stadt namens Lüderitzbucht, die nach Manier des Landes kurz Lüderitz genannt wird.

Wasserstoff – leicht und entflammbar

Es war ein guter Kauf, denn nicht nur wurden in der Gegend kostbare Diamanten gefunden, der Hafen war auch idealer Stützpunk für die Kolonisierung des Landes durch die kaiserlichen deutschen Truppen. Diamanten werden noch heute, anderthalb Jahrhunderte später geschürft; aber wie steht es mit der Eignung von Lüderitz als Anlaufpunkt für Kolonisatoren? Werden wir da vielleicht bald ein déjà vue erleben?

Im heldenhaften Kampf gegen CO2 will Deutschland jetzt die Wunderwaffe Wasserstoff einsetzen. Das ist ein chemisches Element, und als solches besteht es aus nur einer Sorte von Atomen. Die haben die Tendenz, sich unter einander paarweise zu binden, welches zu dem Kürzel H2 geführt hat, wobei die Ziffer für die Anzahl der beteiligten Atome steht und das „H" für das lateinische Wort Hydrogenium.

Atome und Moleküle, so klein sie auch sein mögen, haben dennoch ein Gewicht, wobei H2 das leichteste von allen ist. Deswegen steigt ein mit H2 gefüllter Luftballon nach oben, so wie ein Stück Holz unter Wasser. Dieses Phänomen benutze man früher in Luftschiffen.

Der „Hindenburg" wurde nun eine andere Eigenheit des Wasserstoffs zum Verhängnis, denn noch lieber als untereinander gehen die H Atome eine Verbindung mit Sauerstoff ein. Da genügt ein Funke, das H2 Molekül bricht auf und die jetzt freien H Atome werfen sich dem nächstbesten Sauerstoff Atom an den Hals, um mit ihm eine Ménage à trois zu bilden, nämlich das Hydrogenoxid - auch bekannt unter dem Namen Wasser. Bei dieser Reaktion wird Energie frei, etwa in Form von Flammen. In kontrollierter Form kann diese Energie sehr nützlich sein, und zwar nicht nur als Flamme, sondern auch in Form von Elektrizität. Und das Allerbeste: es entsteht kein unerwünschtes CO2, so wie beim Verbrennen von Kohle oder Erdgas.

Her damit

Worauf warten wir noch? Warum haben wir nicht längst alles auf H2 umgestellt? Das hätte doch nur Vorteile – oder? Nun, da ist ein kleines Problem: es gibt keinen Wasserstoff auf unserem Planeten. Vielleicht gab es ihn einmal, aber seine Affinität zu Sauerstoff hat dazu geführt, dass er praktisch nur noch in Verbindung mit diesem, also in Form von Wasser vorliegt. Das H2O Molekül kann man zwar wieder in seine Bestandteile zerlegen, aber dazu braucht man mehr Energie, als man dann zurückbekommt. Das ist kein gutes Geschäft. Aber, wie lautet doch das Motto unserer Regierung: Wenn man CO2 sparen will, dann darf nichts zu teuer sein. Es geht ja um die Rettung der Welt.

H2 lässt sich herstellen, indem man Gleichstrom durch Wasser leitet. Letzteres wird dabei in seine Bestandteile gespalten und der Wasserstoff kann eingefangen werden. Natürlich muss der Strom bei diesem Prozess – genannt Elektrolyse – aus einem CO2 freien Kraftwerk kommen, sonst könnte man sich die Prozedur ja sparen. In Deutschland haben wir keinen Strom dafür übrig, wir müssen ja jetzt schon importieren. So entstand die Idee, in dünn besiedelten, aber windreichen Teilen der Erde Windgeneratoren zu installieren, um mit deren elektrischer Leistung per Elektrolyse H2 herzustellen. Einen griffigen Namen für das Produkt hat man schon: „grüner Wasserstoff", denn weder bei seiner Herstellung noch bei seinem Verbrauch entsteht CO2.

Eine lange Reise

Der grüne Wasserstoff „GH2" muss jetzt allerdings noch nach Deutschland gebracht werden. Ein Transport im Zeppelin hat sich nicht bewährt, aber auch per Schiff in Gasflaschen wäre es zu ineffizient. Man macht stattdessen aus H2 und dem Stickstoff der Luft ein anderes Gas: Ammoniak. Das lässt sich verflüssigen und kann bei tiefer Temperatur per Tanker transportiert werden.

Am Ziel der Reise angekommen wird der Ammoniak wieder in seine Bestandteile zerlegt, der Wasserstoff wird in so genannten Brennstoffzellen zu Elektrizität verwandelt und die wird in unser Stromnetz eingespeist. Das ist eine weite Reise! Wie viel von dem ursprünglich aus Windkraft erzeugten Strom kommt dann letztlich bei uns an?

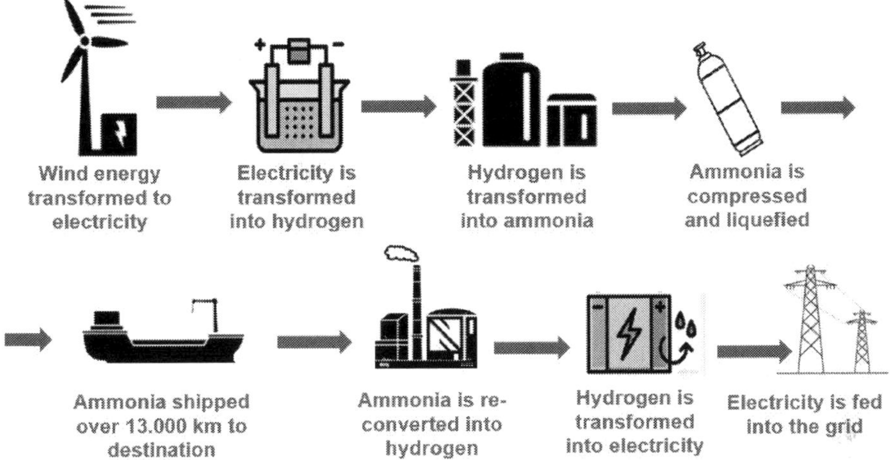

Zwischen 10 und 20%. Und noch etwas: so richtig „grün“ ist die Sache jetzt nicht mehr, denn ein Tanker verbraucht von Lüderitz nach Bremerhaven gut und gerne seine 1000 Tonnen Schweröl und pustet ganz gewaltig CO2 in die Luft – aber das passiert ja außerhalb Deutschlands Grenzen.

Ein paar Zahlen

Sie haben es erraten, Namibia soll für die Sache herhalten. Man beginnt derzeit mit einem bescheidenen Pilotprojekt namens „HYPHEN Tsau Khaeb“, welches in der Gegend von Lüderitz angesiedelt ist. Hier sollen erst einmal 300.000 Tonnen H2 pro Jahr produziert werden. Ist das viel? Bei permanentem Betrieb wären das 34 Tonnen pro Stunde. Für eine Tonne H2 sind 48 Megawattstunden erforderlich, die Windgeneratoren müssten dann also 34 x 48 = 1632 Megawatt liefern.

Deutschlands 30.000 Windgeneratoren haben im Jahr 2023 pro Stück eine durchschnittliche Leistung von 0,433 MW erbracht. Für die erforderlichen 1632 MW bräuchte man dann 3769 Windgeneratoren dieses Typs bei „deutschem Wind“. Der mag in Namibia durchaus stärker sein, aber mit weniger als 1000 Generatoren käme man wohl auch hier nicht aus.

Aber außer Strom braucht man auch noch Wasser für die Elektrolyse. Bei diesem Durchsatz wären das 34 Tonnen x 10 = 340 Tonnen = 340.000 Liter pro Stunde; und zwar Süßwasser, kein Meerwasser.

Das Pilotprojekt ist derzeit in der Vorphase. Da werden, unter anderem, die Windgeschwindigkeiten an verschiedenen Standorten gemessen. Dafür hat die deutsche Regierung schon mal 40 Millionen spendiert. Das sind Peanuts im Vergleich zu den Kosten, die noch kommen werden. Und nicht nur für das Pilotprojekt. Das Land hat nämlich eine „Green Hydrogen Strategy“ verabschiedet, mit dem Ziel, bis 2050 in der Lage zu sein 12 Millionen Tonnen GH2 pro Jahr zu produzieren. Das wäre also das 40-Fache der Kapazität des Pilotprojekts.

Hochgerechnet käme man dann auf 40 x 1000 = 40.000 Generatoren, 10.000 mehr als in Deutschland derzeit stehen.

Grünes Petroleum

Auch wenn diese Zahlen grob geschätzt sein mögen, es wird sofort klar, dass weder die Finanzierung noch das Engineering des Vorhabens durch Namibia geleistet werden können. Namibia würde nur sein Land zur Verfügung stellen, das dann von ausländischen Unternehmen ausgebeutet wird. Aber das geschieht ja schon heute. De Beers gräbt im namibischen Boden nach Diamanten und die Guangdong Nuclear Power Group nach Uran. Soll das Land noch tiefer in die wirtschaftliche Abhängigkeit von anderen Nationen sinken? Und will Deutschland hier erneut als moderne Kolonialmacht aufs Spielfeld treten? Und das ausgerechnet vom Hafen Lüderitz ausgehend?

Es könnte allerdings auch ganz anders kommen. Deutschland könnte demnächst eine Regierung haben, die andere Ziele verfolgt als die Ampel. Und die würde vielleicht die Milliarden nicht mehr so freudig verschleudern. Das Pilotprojekt HYPHEN Tsau Khaeb würde dann in eineR frühen Phase verenden und die ersten Installationen würden von Wind und Sand malerisch begraben, so wie die historischen Hütten der ersten Diamantensucher von damals.

Namibia könnte sich dann auf ein ganz anderes, ein wirklich nachhaltiges und krisenfestes Geschäftsfeld konzentrieren: auf die riesigen Erdölfelder, die gerade vor Lüderitz unter dem Meeresspiegel entdeckt wurden. Das Zeug kann man ja dann „Green Petrol" taufen

***.

GUT GEMEINT

Warum Kapstadt seine Radwege schließt: Man hatte die Radwege dort in den vergangenen Jahren zügig ausgebaut, doch jetzt beginnt man damit, dieselben wieder zu schließen. Man hatte bei der Planung ein Detail übersehen, welches vielleicht auch in Peru von Bedeutung sein könnte.

Nachhaltigkeit am Kap

Um das Fahrrad als Transportmittel attraktiver zu machen, um Verkehrsstaus zu reduzieren und, nicht zu vergessen, um die Nachhaltigkeit zu fördern, hatte Kapstadt Anfang der 2000er Jahre mit dem zügigen Ausbau von Infrastruktur für Radfahrer begonnen. Letzte Woche nun wurden 15 dieser Fußgänger- und Fahrradwege wieder geschlossen, weitere 265 Sperrungen sind geplant. Was ist geschehen? Kriminelle Banden, die den informellen Markt für Gebrauchtfahrräder beliefern, hatten herausgefunden, dass Radwege eine ideale Bezugsquelle für neues Material sind. So wie ein Angler am Ufer des Flusses nur warten muss und damit rechnen kann, dass seine Beute spontan angeschwommen kommt, so brauchen die Ganoven nur im Busch zu warten und zuzugreifen, wenn sich eine adrette Radlerin auf dem dafür vorgesehenen Pfad nähert.

Selbst des Radfahrens kundig hat der Delinquent jetzt nicht nur ein praktisches Fluchtfahrzeug zur Verfügung, sondern auch ein attraktives und nachhaltiges Transportmittel für Diebesgut, welches er auf dem Heimweg aus der einen oder anderen Villa mitgehen lässt. Diese Entwicklung hat Anwohner jetzt zu einer entsprechenden Petition veranlasst, die zu besagter Schließung der Radwege führte. Die dadurch freiwerdende Bodenfläche wird in die angrenzenden Grundstücke integriert und wieder bepflanzt. Eine echte win-win Entscheidung.

Das Klima in Lima

Die großzügige Förderung von Radwegen in der peruanischen Hauptstadt Lima durch den deutschen Steuerzahler war in jüngster Zeit auf viel Aufmerksamkeit gestoßen. Es gab kritische Fragen, ob diese Millionen denn wirklich gut investiert seien, und es gab die Rechtfertigung, dass der deutsche Klimawandel auch in Peru bekämpft werden muss, so wie unsere Freiheit am Hindukusch verteidigt wird.

Könnte es nun aber passieren, dass man in dieser südamerikanischen Metropole dieselben bitteren Erfahrungen machen wird, wie am Kap der Guten Hoffnung? Sie protestieren jetzt vielleicht und betonen, dass man südafrikanische Kriminalität doch nicht mit der Situation im friedlichen Lima vergleichen könne! Da ist nicht jeder Ihrer Meinung.

Die Kriminalstatistik von Numbeo listet für Kapstadt den „Crime Index“ 73,84 und für Lima 70,90 (zum Vergleich München: 20,34). So viel besser ist es da drüben also nicht. Falls für die neuen Fahrradwege also eines Tages der Rückbau angesagt ist, dann wird auch das wieder einiges Kosten, und da wird die Bundesrepublik als Anstifter vermutlich zur Kasse gebeten werden. Der Steuerzahler kann das Ganze dann abbuchen in der Rubrik „Stupid Money“.

***

VERBOTENE NAMEN

Wann immer im polit-medialen Raum das sensible Thema Kolonialismus anklingt, ist es obligatorisch, diese Epoche als Hölle für die unterjochten Länder zu beschreiben und die Kolonisatoren als Unmenschen anzuklagen. Obwohl Deutschlands Rolle als Kolonialmacht vergleichsweise zurückhaltend war, verpasst die heutige Regierung keine Gelegenheit, sich für die Sünden der Urgroßväter in „Deutsch Südwest Afrika" zu entschuldigen und Buße zu tun.

Bevorzugte Termine beim Bürgeramt

In Berlin passiert ja einiges, und so könnte es sein, dass ein wichtiges Ereignis Ihrer Aufmerksamkeit entgangen ist. Am 02.12.2022 um 12:00 Uhr fand in Mitte die feierliche Enthüllung neuer Straßenschilder statt. Dabei wurde die Lüderitz Straße endlich in Cornelius-Fredericks-Straße umbenannt. Die Öffentlichkeit wurde per Pressemitteilung korrekt und deutsch-humorlos informiert: „Die neu installierten Straßenschilder werden mit Erläuterungsschildern versehen sein. Die Geschichte der so Gewürdigten wird online detailliert nachzulesen sein. Anwohnende werden rechtzeitig informiert und bekommen für die kostenlose Änderung von Dokumenten bevorzugt Termine beim Bürgeramt."

Durch diesen von Bezirksbürgermeisterin und Bezirksstadträtin initiierten Akt demonstrierten die Damen ihre Courage und profunde Geschichtskenntnis. Ganz besonders aber zeigten sie Verantwortungsbewusstsein für die Untaten der Kolonialzeit, derer ihre Urgroßväter beschuldigt werden. Aber dennoch: wo wird die Geschichte des durch die Umbenennung entwürdigten Adolf Lüderitz „detailliert nachzulesen sein"? Warum wurde er entehrt? Wo erfahren wir etwas über den 1834 Geborenen, zu einer Zeit also, als sein Vor- und Nachname noch unverfänglich waren?

Wie der Zufall es will, fand exakt 6 Monate nach dem historischen Akt in Berlin eine andere Enthüllung statt, und zwar 9000 km weiter südlich, in Namibia. Dort wurden am Strand der nach dem Geschmähten benannten Stadt acht überlebensgroße Skulpturen aufgestellt. Jede hat die Form eines Schriftzeichens und sie buchstabieren den Namen des Gründers der Stadt: LÜDERITZ. Bitte beachten Sie das dokumentarische Foto im Titel eines vorangegangenen Artikels mit einer ansehnlichen Bürgerin der Stadt.

Die Geschichte des Entwürdigten

Etwas mehr erfahren wir über den Mann in „Oysters, Architecture and History“, der Broschüre der Stadt: „... Aber erst zu Beginn des 19. Jahrhunderts fand (die Stadt) Lüderitz ihre wahre Berufung als geschäftiger Handelsposten. Walfang, Robbenjagd, Fischerei und Guano-Ernte florierten an diesem Küstenabschnitt. Im Jahr 1883 nahm eine Siedlung offiziell Gestalt an, als Heinrich Vogelsang das Land für den deutschen Unternehmer Adolf Lüderitz sicherte. Nachdem Letzterer bei dem Versuch umgekommen war von der Mündung des Oranje-Flusses zurück zu seiner Ansiedlung zu segeln, wurde zu seinen Ehren das Gebiet in „Lüderitzbucht“ umbenannt. Mit der Entdeckung von Diamanten im Jahr 1908 erlebte die Stadt dann einen phantastischen Aufschwung; aber ihr Schicksal änderte sich im Ersten Weltkrieg, als Deutschland 1915 die Kontrolle über seine Kolonie verlor und Südafrika die Macht übernahm.“

Die Stadt hatte in den 110 Jahren seither offensichtlich keinen Grund, ihren Namen zu ändern, und auch deutsche Straßennamen blieben erhalten. Die Herren Moltke, Bismarck, Schuckmann, et al. grüßen nach wie vor stolz von den Straßenschildern. Ja, es gab da mal Überlegungen, historische afrikanische Persönlichkeiten zu Ehren kommen zu lassen, aber die verschiedenen Stämme konnten sich da auf niemanden einigen. So entschied man sich, es bei den deutschen Honoratioren zu lassen.

Sündenstolz

Die Empörung über historische deutsche Sünden in Afrika ist nicht nur bei den Damen der Stadtverwaltung von Berlin-Mitte anzutreffen, sie ist obligatorisch, wann immer im polit-medialen Raum das sensible Thema Kolonialismus gestreift wird. So leitete das ZDF Landesstudio Brandenburg am 23. April 2024 einen Bericht über ein durchaus fragwürdiges deutsches Projekt zur Gewinnung von

„Grünem Wasserstoff" an Namibias Küste mit folgenden Worten ein: "Noch heute erinnert das Stadtbild (von Lüderitz) an die durch Gewalt und Völkermord gekennzeichnete deutsche Kolonialzeit".

Wie bitte? Lüderitz ist eine freundliche Kleinstadt in der Wüste, deren vielfältige Einwohnerschaft sehr gut untereinander auskommt. Vielleicht war die Information des Autors über die Stadt anfangs auf die üblichen Schlagworte beschränkt. Aber dann hätte er, der ja anders als sein Kollege Claas Relotius sicherlich vor Ort gewesen ist, erkennen müssen, dass diese Aussage unrichtig und im höchsten Grade taktlos ist. Und wenn er sich wirklich um deutschen Schaden für Namibia Sorgen machen würde, dann hätte er besagtes Wasserstoff-Vorhaben etwas gründlicher analysiert und die enormen Risiken für die Bevölkerung des Landes aufgezeigt, anstatt es in höchsten Tönen zu loben.

Der wahre Grund

Nicht Liebe zu den vermeintlich ausgebeuteten Völkern steht hinter den übertriebenen Schuldgefühlen, die zu zeigen uns bei jeder Gelegenheit durch den Zeitgeist abverlangt wird. In Wahrheit entspringt diese Obsession dem kollektiven und durchaus begründeten Minderwertigkeitskomplex des heutigen polit-medialen Personals. Sie wissen, dass sie Deutschland enormen Schaden zugefügt haben, dass sie das Land in einem Jahrzehnt in fast jeder Hinsicht heruntergewirtschaftet haben, dass es dank ihrer Entscheidungen von Nummer Eins auf „ferner liefen" abgerutscht ist. Und dass sie ihren Aufgaben nicht annähernd gewachsen wären, auch wenn sie tatsächlich das Beste für Deutschland wollten. Um trotzdem als „gut" dazustehen, wird nun ein Personenkreis als undiskutierbar „schlecht" inszeniert. Wären die nicht schlecht, dann wäre man selbst nicht gut.

Um zu dem verfemten Kreis zu gehören, muss man männlich, weiß, pflichtbewusst und erfolgreich sein – egal aus welchem Jahrhundert. Adolf Lüderitz entspricht diesem Profil sehr gut. Dass die vermeintlichen Opfer deutscher Geschichte all das vielleicht gar nicht so sehen, interessiert dabei nicht. Die sehen manche Elemente des deutschen Erbes vielleicht sogar als Gewinn. In einem Fotoband über

Namibia stolperte ich kürzlich über ein originelles Foto: Eine Band von Blasmusikern unterschiedlichster Hautfarben paradiert auf der Straße. Und welche Musik sie spielen, das ist auf dem Banner über ihren Köpfen zu lesen: „OB KAISERREICH, OB REPUBLIK, WIR SPIELEN DEUTSCHE MARSCHMUSIK“ – na bitte, Frau Berlin-Mitte.

Und noch etwas: seit mehr als einem halben Jahrhundert ist Afrika vom Kolonialismus befreit. Haben es die afrikanischen Länder inzwischen zu Wohlstand und Sicherheit gebracht? Das Gegenteil scheint der Fall zu sein. Afrikaner fliehen zu Tausenden nach Europa und suchen Schutz bei den ehemaligen Unterdrückern.

***

ENERGIEWENDE IN SÜDAFRIKA

Deutschland will sich als grOßzügiger Geber an einem 22 Mrd. Hilfsprogramm für den Umbau des Stromnetzes in Südafrika beteiligen. Diese Restrukturierung soll einerseits die intensive Nutzung von Wind- und Solarenergie ermöglichen, und anderseits die Versorgung insgesamt stabilisieren. Wäre das eine sinnvolle Investition?

Afrikanische Verhältnisse

Das Land Südafrika hat Kraftwerke mit einer Gesamtleistung von 48 Gigawatt installiert. 85% der Anlagen verbrennen Kohle, der Rest verteilt sich auf Wasserkraft, Kernkraft und alternative Quellen. Der durchschnittliche Gesamtverbrauch des Landes liegt bei 30 GW, wobei mehr als die Hälfte des Stroms in die Industrie fließt.

Die installierte Kapazität liegt offensichtlich deutlich über dem Verbrauch. Wieso kann es da zu Engpässen kommen, zu den notorischen Stromabschaltungen – genannt „Load Shedding“? Bis Anfang des Jahres gab es ein oder zweimal pro Tag für zwei Stunden keinen Strom. Das wurde zwar genau kommuniziert, und als Schreibtischmensch konnte man sich mit Inverter und Lithium Batterie behelfen, für jegliches Gewerbe aber war es eine Katastrophe.

Ursache für die Versorgungsprobleme war eine sogar für afrikanische Verhältnisse übertriebene Form der Korruption im staatlichen Energieunternehmen Eskom. Man vernachlässigte die Infrastruktur, Rückstellungen für die Wartung der Kraftwerke verschwanden in dunklen Kanälen und man ließ die Anlagen laufen, bis sie zusammenbrachen. Führungspositionen wurden nicht nach Kompetenz, sondern nach Hautfarbe und Zugehörigkeit zur Partei vergeben, und das war der ANC, der African National Congress.

Der wurde nun von der Bevölkerung zunehmend für die Strom-Misere verantwortlich gemacht. Das war in Anbetracht der nationalen Wahlen am 14. Juni sehr ungünstig für die Partei, und man vollbrachte das Wunder einer seit Anfang April unterbrechungsfreien Versorgung.

Der ANC verlor dennoch seine absolute Mehrheit.

Der Segen von Glasgow

Im November 2021 fand in Glasgow die Welt-Klimakonferenz COP26 statt, organisiert von der United Nations Framework Convention on Climate Change, UNFCCC. Dort wurde die „Just Energy Transition Partnership (JETP)"geboren, eine Vision der Verwirklichung des weltweiten Übergangs zu einer sauberen und umweltfreundlichen Energiezukunft mit "Netto-Null" bis 2050.

Den ärmeren Ländern, wie etwa Südafrika, würde dabei von den wohlhabenden Ländern geholfen. Konkret wurde Südafrika eine Unterstützung von 8,5 Mrd. Dollar zugesagt, unter anderem auf Kosten Deutschlands – es war so zu sagen ein Abschiedsgeschenk von Angela Merkel, die am 8. Dezember 21 das Kanzleramt räumte. Die JETP sollte nebenher auch noch „neue, spannende Arbeitsplätze in Südafrika schaffen und die Erhaltung von Umwelt und Artenvielfalt sicherstellen".

In den knapp drei Jahren seither hat sich die besagte Summe von 8,5 auf 22 Mrd. erhöht, die nun notwendig seinen, um die gewünschte Energiewende zu vollziehen. Wie weit ist die Vision inzwischen verwirklicht? Offensichtlich gibt es Fortschritte: am 5.12.2023 hat die Kreditanstalt für Wiederaufbau (KfW) im Auftrag des BMZ dem Finanzministerium Südafrikas einen Kredit in Höhe von 500 Mio. Euro zugesagt.

Kürzlich hatte die südafrikanische Regierung nun hohen Besuch, und zwar von Herrn Rainer Baake, Direktor der Stiftung Klimaneutralität, ehrenamtlicher Sonderbeauftragter der Bundesregierung für die JETP mit Südafrika, vormals Direktor der "Agora Energiewende", sowie von Herrn Jochen Flasbarth, ehemaliger NABU-Präsident, und von Frau Jennifer Morgan, Amerikanerin, von 2016 bis 2022 CEO bei Greenpeace International. Diese drei Persönlichkeiten sind nebenher noch Staatssekretäre im Habeck-Ministerium.

Von den Ergebnissen der Verhandlungen in Pretorias sollten wir demnächst hören. Würde eine Finanzspritze von 22 Milliarden aber die Probleme lösen und die JETP-Vision in Südafrika verwirklichen?

Fahrstühle hängen am Sonnenschein

Aus technisch-wirtschaftlicher Sicht könnte man sich keinen weniger geeigneten Kandidaten für JETP vorstellen als Südafrika. Mit aktuell 85% Strom aus Kohle und einem globalen Anteil von 1,5% an CO2 Emissionen wäre die Umstellung auf Erneuerbare für das Klima unerheblich, für das Land aber fatal.

Was die südafrikanische Wirtschaft am Laufen hält, ist nicht zuletzt der Export von edlen Steinen und Metallen, die aus großen Tiefen ans Tageslicht gefördert werden müssen. Die liegen bis zu 4 Kilometer tief unter der Erde und da herrschen 66°C, falls nicht gekühlt wird. Sollen die Fahrstühle allen Ernstes mit Wind betrieben werden? Und die Pumpen für Atemluft? Vielleicht sollten sich die zuständigen Minister und Ministerinnen da unten mal einen Lokaltermin gönnen und sich vorstellen, es herrsche gerade Dunkelflaute.

Wir brauchen nicht zu phantasieren, denn wir haben ja Erfahrung in Sachen Umstellung auf erneuerbare Energien. Wird die Versorgung dadurch stabiler? Wohl kaum. Bei uns kommt der Strom morgens von der Braunkohle, mittags von der Photovoltaik und abends aus dem Ausland. Und der Wind hält sich meist vornehm zurück. Das hört sich nicht nach Stabilität an. Und in Südafrika gibt es, anders als in Deutschland, keine Nachbarländer, die auf Zuruf helfen könnten. Ja, es gibt da eine Stromleitung aus Mosambik, vom Cahora Bassa-Staudamm, aber auf die sollte man sich nicht verlassen, da hängt man zu sehr von den Launen des Sambesi ab.

Was wird passieren?

Was wir in Deutschland auch gelernt haben: der „erneuerbare“ Strom wird teurer, und zwar in einem Ausmaß, der die Haushalte schmerzhaft belastet und energiehungrige Industrie zur Emigration zwingt. Südafrika ist ein armes Land, in dem 30% der Bevölkerung in extremer Armut leben. Auch deren Überleben hängt vom Erfolg der Wirtschaft ab, und die ist ihrerseits von niedrigen Stromkosten abhängig, um international konkurrenzfähig zu sein. Hätte Südafrika heute die Stromkosten Deutschlands, man hätte landesweite

Plünderungen und brennende Slums. JETP wäre kein Segen, sondern eine Katastrophe für das Land.

Lassen Sie mich phantasieren was nun wirklich passieren wird: eine politisch gut vernetzte deutsche Firma mit Erfahrung in alternativen Energien übernimmt die Leitung dieses Projektes. Sie gründet in Südafrika ein Unternehmen mit afrikanischem CEO, der seinerseits politisch gut vernetzt ist. Da entsteht dann ein Windpark in der Karoo-Halbwüste von einem halben Gigawatt Nennleistung. An einem schönen, windigen Sommertag gibt es dann einen Fototermin unter den rotierenden Flügeln mit den tüchtigen Politikern und Unternehmern, und auch Politikerinnen und Unternehmerinnen werden da nicht fehlen.

Für die vielen Milliarden aber haben sich problemlos Abnehmer gefunden und die Werften auf Antigua freuen sich über einen neuen Auftrag für Luxusyachten und der Umsatz bei Lamborghini steigt sprunghaft. Unsere Außenministerin hatte der südafrikanischen Regierung ja vor einiger Zeit „A Bacon of Hope“ versprochen, einen Schinken vom dem sich die Mächtigen dann eine dicke Scheibe abschneiden können.

Den Menschen im Lande würde nicht geholfen, aber das war ja auch nie die Absicht.

***

ROTER WASSERSTOFF AUS NAMIBIA

Die Deutsche Kreditanstalt für Wiederaufbau (KfW) fördert die Erhaltung und Entwicklung eines wichtigen Nationalparks in Namibia. Diese Anstrengung wird jetzt durch ein gigantisches Projekt zur Herstellung von „grünem Wasserstoff" bedroht, das in eben diesem Nationalpark entstehen soll. Dieses antagonistische Vorhaben wird von der Bundesregierung ebenfalls tatkräftig unterstützt.

Sperrgebiet

Namibia, mehr als doppelt so groß wie Deutschland, hat nur zwei Millionen Einwohner. Das Land ist hauptsächlich Wüste und es gibt nur zwei Flüsse, die ganzjährig Wasser führen. Die fließen entlang der nördlichen Grenze zu Angola und der südlichen zu Südafrika. Ein 80 km breiter und 250 km langer Küstenstreifen, der sich von der südafrikanischen Grenze nach Norden zieht, ist das sogenannte „Sperrgebiet". Dort wurden einst und werden noch mmer Diamanten geschürft.

Das Sperrgebiet, seit über hundert Jahren unzugänglich, birgt noch andere Juwelen. Es ist eine globale Schatztruhe der Artenvielfalt, die sich in nahezu unberührter Wildnis entfalten und erhalten konnte. Man kann hier zwar nicht die üppige Biologie des Amazonas erwarten, aber es gibt immerhin an die hundert kleine Reptilienarten sowie eine Vielfalt von Insekten und anderen wirbellosen Geschöpfen, die zum Teil noch unerforscht sind. Und es gibt über tausend Pflanzenarten, vorwiegend Sukkulenten, von denen manche sonst nirgends auf der Welt zu finden sind.

Die KfW unterstützt die Erhaltung und Entwicklung dieses Naturparks („Tsau Khaeb" in Landessprache) mit folgender Begründung: Naturschutz und die Entwicklung attraktiver Nationalparks ziehen Tourismus an und schaffen Nachfrage nach Hotels und Versorgung. Das schafft Arbeitsplätze und fördert die wirtschaftliche Entwicklung. Nationalparks sind die Zentren für den Naturschutz; sie sind sichere Häfen oder besondere Schutzzonen, in denen sich Tiere vermehren können.

Das ist eine noble Motivation, die aber offenbar nicht von allen Entscheidungsträgern der deutschen Ampel geteilt wird.

Die Verwüstung der Wüste

Wie schon beschrieben, ist in Namibia der Bau von Anlagen zur Erzeugung von grünem Wasserstoff geplant. Der Umfang des Projektes ist gewaltig: Hunderte von Windgeneratoren und Photovoltaik-Installationen, Anlagen zur Entsalzung von Meerwasser, zur Elektrolyse, zur Herstellung von Ammoniak und zu dessen kryogener Verschiffung, sowie die dafür notwendige konventionelle Energieversorgung müssten gebaut werden. Dazu kommen Zufahrtswege, die über ein riesiges Terrain für die Errichtung der Windkraftwerke notwendig werden. All das soll ausgerechnet auf der Fläche des beschriebenen Naturparks realisiert werden.

Die Bundesregierung ist wichtigster Unterstützer des Projekts und würde Hauptabnehmer für Wasserstoff, bzw. Ammoniak und eventuell anderer Produkte sein. Damit sabotiert sie aktiv ihre bisherigen Investitionen in den Naturschutz in Namibia. Projekte der KfW und der Deutschen Gesellschaft für Internationale Zusammenarbeit, bei denen es um Milliarden an Steuergeldern geht, sollten doch eigentlich vor ihrer Bewilligung eine gründliche Analyse durchlaufen. Vor Schaffung der Partnerschaft mit Namibia zur Unterstützung des besagten Vorhabens ist das offensichtlich nicht geschehen. Werden die Richtlinien der Politik in Deutschland etwa von der Windlobby bestimmt?

Flugsand und Dünen

Zunächst muss man sich fragen, warum diese Anlagen ausgerechnet im Tsau Khaeb Nationalpark stehen müssen, wo es doch in Namibia sonst noch genügend ödes Land gäbe. Ein Grund ist sicherlich die Verfügbarkeit des Hafens der Stadt Lüderitz, unmittelbar an der Grenze zum Sperrgebiet gelegen. Ein anderer die Verfügbarkeit starken und stetigen Windes aus Südost, bedingt durch den kalten Benguela Strom entlang der Küste.

Es könnte noch einen weiteren Grund geben: Der Boden im Sperrgebiet ist eher fest und nicht von Flugsand oder Dünen beherrscht - ein Umstand, der auch das karge Leben in der Zone ermöglicht. Aber auch Windgeneratoren wollen nicht auf Sand gebaut sein und ihre Blätter nicht von Flugsand frühzeitig erodieren lassen. Da haben wir also die Situation einer Konkurrenz von Windkraft mit Natur. Und wer da gewinnt, das haben wir ja in Deutschland immer wieder schmerzlich erfahren müssen.

Öko-Kolonialismus

Von „Grünem Wasserstoff" kann also nicht die Rede sein, es wäre „Roter Wasserstoff" in Anbetracht des Blutvergießens unter Sukkulenten, Reptilien und wirbellosen Geschöpfen. Aber auch wenn kein Naturpark durch dieses Megaprojekt zerstört würde, es wäre auf jeden Fall ein Wahnsinn in wirtschaftlicher, gesellschaftlicher und ökologischer Hinsicht. Nun aber wird auch noch die Zerstörung dieses kostbaren Biotops billigend in Kauf genommen. Das entlarvt die in jeder Hinsicht rücksichtslose und destruktive aktuelle „grüne" deutsche Politik.

Die Namibian Chamber of Environment drückt das so aus: "Germany's need for alternative energy sources should not be met at the cost of Namibia's biodiversity. Namibia's need for sustainable development, job creation and poverty alleviation can be better met once a national study is completed on the costs and benefits of different energy generation options for the country. *(Deutschlands Bedarf an alternativen Energiequellen sollte nicht auf Kosten der Artenvielfalt Namibias gedeckt werden. Namibias Bedarf an nachhaltiger Entwicklung, Schaffung von Arbeitsplätzen und Armutsbekämpfung kann besser gedeckt werden, wenn eine nationale Studie über die Kosten und Vorteile der verschiedenen Energieerzeugungsoptionen für das Land abgeschlossen ist.)*

Vielleicht sollte die deutsche Politik lieber auf solche Worte hören als sich bei jeder Gelegenheit lautstark für den Kolonialismus aus Kaiser Wilhelms Zeiten zu entschuldigen. Noch ist das Projekt durch Namibias Regierung nicht bewilligt, aber die zehnstelligen

Beträge, die darauf warten, ausgegeben zu werden, die sind schon ein starkes Argument.

***

EIN FALSCHER KREDIT

Die KfW wird der Regierung Südafrikas einen Kredit in Höhe von einer halben Milliarde Euro zur Umstellung der Stromversorgung auf „Erneuerbare“ gewähren. So eine „Energiewende“ würde die aktuellen Probleme des Landes aber kaum lösen. Sie könnte die wahre Ursache des Problems nicht beseitigen, nämlich das grassierende „African Disease“.

---

55 Milliarden Tonnen

Gemäß Presserklärung vom 5.12.2023 hat die Kreditanstalt für Wiederaufbau (KfW) im Auftrag des BMZ dem Finanzministerium Südafrikas einen Kredit in Höhe von 500 Mio. Euro zugesagt. Die Mittel sollen den Kohleausstieg des Landes unterstützen und den Ausbau erneuerbarer Energien vorantreiben. Nachdem die Bundesrepublik für alle Kredite und Verbindlichkeiten der KfW haftet, läuft es darauf hinaus, dass letztlich der deutsche Steuerzahler auch dieses Abenteuer finanzieren muss. Wir sollten uns die Sache also mal genauer anschauen.

Woher kommt der Strom in Südafrika derzeit? Es gibt in der Nähe von Kapstadt ein Kernkraftwerk mit zwei Blöcken zu je 1 Gigawatt, von denen nur einer am Netz ist und ca. 2% des nationalen Bedarfs liefert. Wasserkraft und Gas steuern gemeinsam 20% bei, der Rest, also knapp 80%, kommt aus Kohle. Die Reserven an Steinkohle belaufen sich auf 55 Milliarden Tonnen, welche das Land die kommenden 200 Jahre mit Energie versorgen könnten.

Zyankali im Kaffee

Die aktuelle Stromversorgung ist allerdings äußerst mangelhaft und „Load Sheddings“, d.h. stundenweise Stromsperren, gehören zum Alltag. Das staatliche Energieunternehmen Eskom, einst im weltweiten Vergleich die Nummer Eins, geht dem Ruin entgegen. Jahrelang hat man die Infrastruktur grob vernachlässigt, Rückstellungen für die Wartung der Kraftwerke sind in dunklen Kanälen verschwunden und Führungspositionen wurden nicht nach Kompetenz, sondern nach Parteizugehörigkeit und Hautfarbe vergeben.

2019 wurde dann, trotz allem, der erfahrene weiße Manager Andre de Ruyter CEO von Eskom. Sein Vorsatz war es, die flagrante Korruption zu bekämpfen und das Unternehmen wieder leistungsfähig zu machen. Damit gewann er sich wenig Freunde, weder im Unternehmen noch bei der Regierung. Die Situation wurde immer hoffnungsloser und führte schließlich im Januar 2023 zu seiner Kündigung.

Zu seinem Abschied gab es dann noch den Versuch, ihn daran zu hindern, seine Insider- Erfahrungen auszuplaudern: Man mischte ihm einfach eine Portion Zyankali in den Kaffee. Der Versuch misslang, de Ruyter überlebte und schrieb ein Buch: „Truth to Power - My Three Years Inside Eskom“. Es gibt einen schonungslosen Einblick in Eskoms brutale „Firmenkultur“, die von Sabotage, Bestechung, Diebstahl und Mord gekennzeichnet ist. Hat beim BMZ oder bei der KfW jemand das Buch gelesen?

Weiter so!

Vielleicht sollte die KfW doch noch einmal prüfen, in welche Hände da die Hunderte von Millionen fallen. Die werden kaum, wie behauptet, die Stromversorgung verbessern, denn der Kredit würde ja in keiner Weise an den Wurzeln der Probleme ansetzen, nämlich bei Korruption und Inkompetenz in den Führungsetagen. Im Gegenteil, das Geld wäre vielmehr eine Aufmunterung an die Mächtigen zum „Weiter so“.

Und noch etwas. Deutschland hat ja demonstriert, wie man durch Umstellung auf „Alternative Energien“ eine perfekt und preiswert funktionierende Stromversorgung in kürzester Zeit ruinieren, und damit die Wirtschaft eines wohlhabenden Landes zu Grunde richten kann.

All das braucht man in Südafrika nicht mehr zu tun. Hier gibt es schon jetzt Stromausfälle und fast die Hälfte der Bevölkerung lebt und stirbt in extremer Armut. Soll eine „Energiewende“ dem Land jetzt also den Rest geben?

Lamborghini und Learjet

Was die südafrikanische Wirtschaft noch am Laufen hält, ist nicht zuletzt der Export von edlen Steinen und Metallen, die aus großen Tiefen ans Tageslicht gefördert werden müssen. Die liegen bis zu 4 Kilometer tief unter der Erde und da herrschen 66°C, falls nicht gekühlt wird. Sollen die Fahrstühle allen Ernstes mit Wind betrieben werden? Und die Pumpen für Atemluft? Vielleicht sollte Frau Ministerin Svenja Schulze da mal einen Lokaltermin absolvieren und sich vorstellen, der Strom käme aus Wind und Solar, und es herrschte gerade Dunkelflaute.

Und sie sollte sich vor Augen halten, dass das Geld nicht in Südafrika neue Arbeitsplätze schaffen würde. Die würden eher bei Firmen wie Lamborghini oder Learjet entstehen, wo die Mächtigen des Landes mit dem Geldsegen dann ihre Spielzeuge kaufen.

Unsere Außenministerin, die bei ihrem diesjährigen Besuch der südafrikanischen Regierung ein Leuchtfeuer der Hoffnung, „A Beacon of Hope“ entzünden wollte, leistete sich einen Versprecher und stellte stattdessen einen „Bacon of Hope“, einen Schinken voller Hoffnung in den Raum. Von dem werden sich die Mächtigen dann eine dicke Scheibe abschneiden.

***

Teil 3:

TEMPORA MUTANTUR

FRANCISCO IN BERLIN

Niemand hat sich jemals gefragt, ob Francisco d'Anconia gut aussieht oder nicht; das war irrelevant. Denn sobald er einen Raum betrat, war es unmöglich, jemand anderen anzusehen. Seine große, schlanke Figur hatte einen Hauch von Vornehmheit, aber er war nicht modern, er war authentisch. Er bewegte sich mit der Vitalität eines gesunden Menschen und mit der Macht der Gewissheit.

Wenn die Versager das Sagen haben

Diese Hommage aus Ayn Rands Roman „Atlas Shrugged (Der Streik)" kam mir blitzartig in den Sinn, als ich vor einer Woche die Ehre hatte an einem perfekt organisierten Treffen von Autoren der „Achse des Guten" (www.achgut.com) teilzunehmen. Die Räumlichkeiten barsten vor intelligenten, originellen, prominenten und kosmopolitischen Persönlichkeiten, von denen einige all diese Charakteristika zugleich auf sich vereinten, und die zudem lesenswerte Texte schrieben.

Die Atomsphäre hallte von engagierten, anspruchsvollen Diskussionen, wie ein tropischer Urwald vom Kreischen der Papageien und Paviane. Doch dann verstummte all das plötzlich, denn ein Mann hatte den Raum betreten, der es unmöglich machte, die Aufmerksamkeit auf jemand oder etwas anderes zu richten.

Zurück zu unserem Romanhelden, der hatte in einem Land gelebt in dem „Die Regierung da war, um uns vor Verbrechern zu schützen, und die Verfassung war da, um uns vor der Regierung zu schützen." Aber das änderte sich, als Schritt für Schritt die Versager das Sagen bekamen; als Männer, die nichts leisteten, zunehmend an Einfluss gewannen, um auf Kosten der Tüchtigen zu leben. Ein Konglomerat von Plünderern („looters") und Schnorrern („moochers") griff per Gesetz und Korruption von Tag zu Tag mehr in alle Lebensbereiche ein.

Sie entkernten die Sprache von jeglicher Logik, und schufen zu diesem Zweck laufend neue Vokabeln, die jeder vernünftigen Argumentation den Boden entzogen.

In dieser Welt des Lugs und Trugs also taucht Francisco d'Anconia auf, der sich mit der Macht der Gewissheit bewegt, der harte Fragen stellt, die Dinge beim Namen nennt und den die Plünderer und Schnorrer fürchten wie der Teufel das Weihwasser. Sein charakteristischer Spott und seine Ironie waren allgegenwärtig, jedoch stets wohlwollend. Sie richten sich nur gegen das Irrationale, das Betrügerische, und gegen sonst niemanden.

Richtig gegendert

Auch unsere Regierung war einmal dazu da, um uns vor Verbrechern zu schützen, und die Verfassung war da, um uns vor der Regierung zu schützen. Aber das änderte sich, als die Versager und Versagerinnen die Macht übernahmen; als Männer und Frauen, die in ihrem Leben nichts geleistet hatten, sich organisierten, um auf Kosten der Tüchtigen zu leben; als per Gesetz und Korruption von Tag zu Tag stärker in alle Lebensbereiche eingegriffen wurde.

Die wunderbare deutsche Sprache wurde systematisch in ein Werkzeug der Unlogik deformiert, mit immer neuen Floskeln wie Klimagerechtigkeit, Inklusion und feministischer Außenpolitik dieser Welt des Lugs und Trugs also taucht ein moderner Francisco d'Anconia auf, der sich mit der Macht der Gewissheit bewegt, der die Dinge beim Namen nennt, harte Fragen stellt, und deswegen aus der Bundespressekonferenz eliminiert wird.

Die Rede ist von Boris Reitschuster, dem couragierten Don Francisco der Gegenwart, der die Dekadenz, Korruption und politische Verblendung im Deutschland des 21. Jahrhunderts in seiner journalistischen Arbeit und jetzt auch in seinem Buch „Meine Vertreibung" dokumentiert. Glauben Sie mir, es lohnt sich, diesen Mann und seine Geschichte kennenzulernen. Und er hat eine gespenstische Erkenntnis für diese heutige politische Entwicklung: „Déjà vu".

***

EIN BURGGRABEN UM DEN REICHSTAG

Aktuelle Ereignisse geben Anlass zu der Frage, wie sicher es heute in Deutschland noch ist. Um es vorwegzunehmen, in den vergangenen Jahren ist das Land im Vergleich zu anderen Ländern von einem Spitzenplatz auf das Niveau zwischen Russland und Serbien abgerutscht. Wem das nicht passt, der soll auswandern - oder sein Haus durch einen Burggraben absichern.

Der Vorrat an Betroffenheits-Floskeln

Man kann unserer Regierung nicht vorwerfen, sie würde bei Krisen nicht schnell reagieren. Das Blut am Messer des Attentäters ist noch nicht getrocknet, und schon posaunen die Eliten unisono eine dieser, von teuren Rhetorik-Beratern für solche Fälle vorbereiteten Betroffenheits - Floskeln in die Welt hinaus: Es war ein Einzelfall, ein geistig Verwirrter, das Tatmotiv wird untersucht; die wahre Bedrohung kommt ohnehin von Rechts; von Putin; vom Klimawandel. Gehen Sie also weiter, es gibt hier nichts zu sehen.

Man geht davon aus, dass die Bevölkerung, so wie der Frosch im Kochtopf nicht reagiert, wenn eine kontinuierliche Veränderung hin zu einem unerträglichen Zustand nur langsam genug vor sich geht. Aber es gibt auch Statistiken, die uns vor Augen halten, dass die Veränderungen keineswegs schleichend sind, die uns zeigen, dass die Lebensqualität in Deutschland während der vergangenen 12 Jahre rapide und dramatisch abgerutscht ist.

Im weltweiten Vergleich rangierte unser Land anno 2012 auf Rang 2, nur noch geschlagen vom alpenländischen Paradies der eidgenössischen Nachbarn. Heute liegen wir auf Platz 12. Da sich externe Faktoren wie etwa Corona oder eine internationale Finanzkrise auf alle Länder gleichermaßen auswirken, haben sie also keinen Einfluss auf die relative Platzierung eines spezifischen Landes.

Vorbild Kolumbien oder Nigeria?

Der Index für die Lebensqualität (LQ) in der Graphik setzt sich aus einer Reihe von Parametern zusammen, wie etwa

Lebenshaltungskosten, Gesundheitssystem, Bezahlbarkeit von Immobilien und Sicherheit. Betrachten wir den Faktor Sicherheit nun für sich alleine,

dann ist die Veränderung für Deutschland nicht nur dramatisch, sie ist katastrophal. Wir sind in 12 Jahren von Platz 4 auf Platz 38 abgestürzt und kommen heute zwischen Russland und Serbien zu liegen.

Dieser Verfall wird in der Graphik durch eine ziemlich gerade Linie nach rechts unten dargestellt, und wenn wir diese Linie für die kommenden Jahre extrapolieren, dann geht es bei uns demnächst wie in Nigeria oder Kolumbien zu. Aber wird es denn tatsächlich weiterhin im gleichen Tempo bergab gehen? Davon kann man ausgehen, zumindest so lange unsere politischen Entscheidungsträger nicht demnächst samt und sonders ausgetauscht werden.

Ein Burggraben um den Reichstag

Und kann man so einer Statistik denn trauen? Winston Churchill vertraute nur solchen, die er selbst gefälscht hatte. Die hier benutzen statistischen Daten stammen von „Numbeo“ und wurden unter

Einbeziehung von „Crowd Sourcing“, also durch gezielte Befragungen in den einzelnen Ländern gesammelt. Da mag es viele Fehlerquellen geben, aber dass sich alle Länder nun darauf konzentriert hätten Deutschland schlecht dastehen zu lassen, das ist unwahrscheinlich.

Im Februar 2022 verkündete unser Bundespräsident allerdings noch, wir lebten im besten Deutschland aller Zeiten. Da waren wir hinsichtlich Sicherheit bereits von Platz 4 auf Platz 35 abgerutscht. Wusste unser Präsident das nicht? Unsere Regierenden jedenfalls scheinen die Bedrohung ernst zu nehmen - warum sonst würde um den Reichstag heute ein Burggraben gebaut? Demnächst kommt dann wohl auch Schloss Bellevue dran, damit unser Präsident sicher ist.

***

MEHRHEIT, WAHRHEIT UND GRÜNE DOKTRIN

In Politik geht es um Mehrheit, in der Wissenschaft um Wahrheit – so weit die Theorie. Jetzt wird offenbar, dass In Sachen Corona und Kernkraft die „Wissenschaft“ der Politik gefolgt ist und die Politik der grünen Parteidoktrin. Könnte es sein, dass es beim Klima nicht anders ist? Stellt sich vielleicht eines Tages heraus, dass unsere Erde nicht etwa „symptomlos“ krank ist, sondern kerngesund? Hören wir uns an, was hochkarätige Experten zu diesem Thema zu sagen haben.

Hat man es damals nicht besser gewusst?

Es kommt dieser Tage ans Licht, dass die Ampel-Regierung, entgegen der Empfehlung von Fachleuten, Entscheidungen traf, die der deutschen Bevölkerung erheblich schadeten. Solch ein Vorwurf wird im Zusammenhang mit der Corona-Seuche erhoben, deren Gefährlichkeit durch die Experten als mäßig, von der Politik aber als hoch eingestuft wurde; das führte bekanntlich zu drastischen Einschränkungen der Freiheit und zu wirtschaftlichen Verlusten. Im April 2023 wurde dann der Kernkraft-Stopp durchgesetzt, obwohl der Weiterbetrieb nach Überzeugung der Experten zuverlässig und preiswert Strom geliefert hätte, ohne jegliches nukleare Risiko.

Wie kann so etwas sein? Waren es opportunistische Subalterne, die ihren Vorgesetzten wichtige wissenschaftliche Erkenntnisse vorenthielten, oder waren die Entscheidungsträger an der Wahrheit gar nicht interessiert, weil sie ihrer persönlichen Agenda in die Quere gekommen wäre? Eine „Aufarbeitung“ soll nun Klarheit schaffen – aber werden die Verantwortlichen am Ende tatsächlich zur Rechenschaft gezogen?

Es gibt da noch ein anderes Gebiet, bei dem Expertenwissen eine entscheidende Rolle spielen sollte: das Klima. Ist unser Planet wirklich in akuter Gefahr? Oder werden wir eines Tages erkennen, dass die Politik auch dieses Thema als Vorwand nutzte, um uns in vielerlei Hinsicht zu bevormunden und finanziell zu belasten? Wird es dann eines Tages abermals ein „Aufarbeitung“ geben? Wie realistisch ist die Klimakrise denn tatsächlich?

Dazu sollen hier Autoritäten zu Wort kommen, die von diesem Gebiet viel verstehen, und deren Status es ihnen erlaubt, auf politischen Opportunismus zu verzichten.

Physik und Klima

Die folgenden Aussagen kommen, unter anderen, von Physikern, denen vom Klima-Establishment oft die Kompetenz in Sachen Klima abgesprochen wird, weil sie ja keine Klimaforscher wären. Das ist so, als wollte man Newton verbieten sich über den Lauf der Gestirne zu äußern, weil er ein kein Astronom war, sondern nur ein Physiker. Aber durch diesen Vorwurf offenbart das Establishment nur die eigene Ignoranz, denn Klima ist nichts anderes als Physik. Es geht um die Wechselwirkung elektromagnetischer Wellen mit Molekülen, um adiabatische und isotherme Prozesse in Gasen, um die präzise Messung von Temperaturen und um vieles mehr.

Hören wir den unerschrockenen Autoritäten also gut zu. Niemand soll eines Tages sagen, man hätte es damals nicht besser gewusst. Fakt ist: Man weiß es nur allzu gut, doch die Wahrheit passt nicht in die politische Agenda.

Die folgenden Aussagen sind dem Film „Climate, the Movie - The cold Truth" von Martin Durkin entnommen und sinngemäß ins Deutsche übersetzt. Die wissenschaftlichen Begründungen für die Aussagen sind hier nicht wiedergegeben, werden aber im Film sehr anschaulich dargestellt.

- William Happer, Physiker, wissenschaftlicher Berater von drei US Präsidenten, Professor an den Universitäten Columbia und Princeton. *Da wird diese idiotische Idee verbreitet, wissenschaftliche Wahrheit würde durch Konsens bestimmt. Es ist einfach absurd, wenn jemand behauptet, über die Klimawissenschaft herrsche Konsens und sie wäre damit erledigt („settled")...Klima-Alarm ist Nonsens, ein übler Scherz oder genauer gesagt ein Betrug. Der Alarmismus ist eine phantastische Methode für Regierungen, um ihre Macht zu steigern. Wenn angeblich eine existenzielle weltweite Bedrohung auf uns zukommt, dann braucht man eben eine mächtige, globale Regierung, und auf einmal hat man die Bevölkerung der ganzen Welt unter Kontrolle... Wenn ich Leute predigen höre, dass anderthalb Grad Erwärmung das Ende der Zivilisation bedeuten, dann kann ich mich nur fragen „was haben die denn geraucht?"*

- Steven Koonin, Physiker, wissenschaftlicher Berater von Barak Obama, Vice President CalTech. *Ich unterrichte meine Studenten an der New York University in Klima-Wissenschaften und ich rate ihnen „Glaubt den Medien nicht, schaut euch die Daten in den ursprünglichen Veröffentlichungen selbst an" – und sie alle beenden den Kurs mit Erstaunen und mit weit offenen Augen... Man nennt mich einen Leugner und ich frage, was leugne ich denn? Ich zitiere doch nur aus IPCC Reports, aus den offiziellen wissenschaftlichen Berichten der Vereinten Nationen...*
- Dick Lindsen, führender Meteorologe, Mitglied des UN-IPCC, Professor in Harvard und MIT. *Wenn man in den IPCC Berichten zu den Protokollen der Arbeitsgruppen geht, dann findet man dort keine einzige dieser Behauptungen zum katastrophalen Klimawandel. Man würde keinen seriösen Wissenschaftler jemals dazu bringen, diesem weit verbreiteten Unsinn zuzustimmen.*
- John Clauser, Physiker, UC Berkeley, Nobelpreis 2022. *Die (Klima)- Wissenschaft, die heute betrieben wird, ist widerlich. Es gibt eine Menge an Wissenschaftlern, die anderer Meinung sind, die sich selbst als Skeptiker bezeichnen, aber als Leugner geschmäht werden. Diese und andere respektable Persönlichkeiten sind keine „Flacherdler", sie leugnen die moderne Wissenschaft keineswegs. Aber etwas hat sie dazu gebracht, den Klima Alarm als Unsinn abzulehnen...*
- Roy Spencer, NASA Team Leader Satellite Temperature Measurement. *Wenn der Kongress uns dafür bezahlt, dass wir Nachweise für die Erderwärmung finden, dann werden*

wir Wissenschaftler genau das finden. Dafür werden wir ja bezahlt. Und rate mal, was passiert, wenn du nichts Derartiges findest, wenn du sagst, unsere Forschung deutet auf keine Probleme mit dem Klima hin: dann gibt's kein Geld mehr. Die Wissenschaft ist total korrumpiert!

- Matthew Wielitcki, Professor am Department of Geological Sciences, University of Alabama. *Es gibt einen enormen Anreiz, zu übertreiben. Auch wenn die Daten nicht das hergeben, was gewünscht wird, dann interpretiert man sie eben in der gewünschten Richtung. Als Doktorand war auch ich im gleichen Boot und habe den Klimawandel verteidigt. Ich habe damals nicht viel nachgedacht, ich habe einfach gemerkt, dass das jede Menge Geld einbringt.*
- Patrick Moore, Biologe, University of British Columbia, Mitbegründer und ehemaliger Präsident von Greenpeace. *Auf diesem Planeten haben wir keinen Klima-Notstand, es gibt keinerlei Hinweis darauf.*

Das also sind die Aussagen von alten weißen Männern, deren nächstes Gehalt nicht vom Wohlwollen drittklassiger Bürokraten abhängt, und die ihr Wissen zu einer Zeit erworben haben, als es an Universitäten um die Benutzung des eigenen Verstandes ging, und nicht um vorauseilenden Gehorsam gegenüber einer von Ressentiments geprägten Politikeria.

***

SCHWARMINTELLIGENZ

Eine Gemeinschaft vieler anonymer Individuen kann sich spontan derart organisieren, dass für alle Beteiligten nützliche oder existenziell notwendige Bedingungen entstehen. Ein paar simple Spielregeln, nach denen jedes Individuum sein Verhalten gegenüber den Nachbarn in seiner unmittelbaren Umgebung ausrichtet, sind der einzige Bauplan für solch ein komplexes Gebilde. Diese „Schwarmintelligenz“ geht verloren, sobald von außen organisierend eingegriffen wird. Wie steht es darum in Deutschland?

Versailles im Kleinformat

Eiskristalle wie im Bild (Max Planck Ges.) haben eine wunderbar symmetrische und harmonische Struktur, ähnlich einem französischen Schloss aus dem 17. Jahrhundert. Hätte ein französischer König damals sein Chateau mit diesem Grundriss gebaut, Versailles wäre heute unter „ferner liefen“.

Aber wie kommt dieses millimetergroße perfekte Bauwerk zustande? Es besteht aus Molekülen, und zwar fast so vielen, wie es Sterne im Universum gibt. Welcher Architekt hat da jedem Baustein seinen Platz zugewiesen? In der Biologie ist das etwas anderes, da enthält jeder Zellkern den Bauplan für das komplette Lebewesen und sagt der Zelle genau, wohin sie gehört. Die Bausteine des Kristalls aber sind primitive, winzige H2O-Moleküle, nichts weiter als zwei Protonen samt Elektronen, die mit dem fetten Sauerstoffatom einen Winkel von 104° bilden, mit Schenkelchen die weniger als ein millionstel Millimeter lang sind. Das ist alles. Kein Bauplan, keine Platznummer. Jedes Molekül im Kristall arrangiert sich mit seinen nächsten Nachbarn so gut es kann, hat aber keine Ahnung, dass es Teil eines riesigen Bauwerks ist. Wieso kommt dann so ein komplexes und ästhetisches Gebilde zustande? Welche Intelligenz hat seine Entstehung geleitet?

Die lieben Nachbarn

Eine Nummer größer können wir dieses Phänomen bei Schwärmen von Vögeln, Fischen oder Ameisen beobachten, wo auch hier die Individuen nur ganz lokal, mit ihren unmittelbaren Nachbarn interagieren. Auch hier gibt es keinen Koordinator, der alles geplant hätte, der für Ordnung sorgt und der sagt, wohin die Reise geht. Und dennoch bietet der so entstandene Schwarm für jedes Individuum die optimalen Überlebensbedingungen - sonst wäre das Konzept beim gnadenlosen „survival oft the fittest" schon früh ausgeschieden.

Eine Gemeinschaft von vielen anonymen Individuen kann sich also spontan derart organisieren, wie es für alle Beteiligten nützlich oder sogar existenziell ist. Ein paar simple Spielregeln, nach denen jedes Individuum sein Verhalten gegenüber den Nachbarn in seiner unmittelbaren Umgebung ausrichtet, sind der einzige Bauplan für dieses komplexen Gebilde, welches eine Magie in sich birgt, die als „Schwarmintelligenz" bezeichnet wird. Und die geht verloren, sobald jemand versuchen würde von außen organisierend einzugreifen.

Der Mensch: Lemming oder Kranich?

Nicht alle Lebewesen scheinen mit dieser Gabe ausgestattet zu sein. Wenn wir an die Lemminge denken, denen nachgesagt wird, dass sie sich spontan organisieren, um sich scharenweise ins Unheil zu stürzen, dann klingt das nicht nach Schwarmintelligenz. Und wie ist das mit dem Homo Sapiens, der sich ja für die klügste unter allen

Kreaturen hält? Gleicht die Menschheit eher den Kranichen, die sich des Flugs durchs Dasein in ästhetisch-perfekter Formation erfreuen, oder eher den erwähnten arktischen Nagetieren, die eines nach dem anderen in selbstmörderischer Absicht von der Klippe springen?

Gibt es bei den Menschen dieses Phänomen, dass durch nichts als eingespielte Interaktion zwischen den allernächsten Nachbarn spontan eine Gesellschaft entsteht, in der das Leben für alle erfreulich und das Überleben wahrscheinlich ist? Ja, unser Überleben wird durch die moderne Medizin gesichert, und unsere Lebensfreude gewinnen wir auf Urlaubsreisen. Und ich weiß auch, dass eine Klinik sich nicht deswegen von selbst organisiert, weil Patienten und Schwestern nett zueinander sind; und dass die Airliner am Himmel nicht spontan solch ästhetischen Formationen bilden können wie die Kraniche. Das braucht klar vorgegebene Vorschriften und Verbote, das bedarf der Organisation.

Aber wie ist das in kleinerem Kreis, in der Familie, unter Freunden, unter Nachbarn oder Kollegen im Büro? Da kommen wir durch informelle, meist unbewusste Spielregeln aus. Die sind wesentlicher Bestandteil unserer Kultur, unserer Tradition. Die haben wir von Kindesbeinen assimiliert. In welchen Ausmaßen ist nun Zusammenleben ohne externe Organisation möglich?

Die Señoritas in Guadalajara

Dessen werden wir am ehesten in fremder Umgebung gewahr; da fallen uns Dinge auf, die dem Einheimischen selbst unbewusst und selbstverständlich sind. Etwa wenn sich durch Bangkoks enge Gassen die Menschenmenge drängt, und die eleganten Thais mühelos wie Fische aneinander vorbeigleiten, während wir Nordeuropäer wie unbeholfene Nilpferde in diesem Strom des Lebens herumtapsen. Die Thais haben als Kinder etwas gelernt, was wir verpasst haben.

Oder gehen wir auf die Plaza Central einer mexikanischen Kleinstadt am Samstag Abend. Da tobt das Leben, aber jeder hat das sichere Gefühl dafür, was er zu tun und zu lassen hat. Die Mariachi spielen so laut wie sie wollen, nur nicht falsch, die Señoritas machen sich so schön wie es nur geht, aber ohne sich zu entblößen wie amerikanische Touristinnen, junge Indios gehen von Tisch zu Tisch und bieten Leguane zum Kauf an, aber ohne aufdringlich zu sein, und der Polizist lässt sich vom Wirt einen Tequila schenken, aber nur einen. Das Ganze wirkt wie ein Kunstwerk; es strahlt Harmonie aus, die es nicht gäbe, wenn alles durch Vorschriften reglementiert wäre. Das ist Schwarmintelligenz.

Aber irgendwo muss man doch auch hier eine Grenze ziehen; wo soll Improvisation Platz machen für Verhalten nach Vorschrift? Die Meinung darüber ist von Land zu Land verschieden, aber eines ist sicher: in Deutschland lag diese Grenze schon immer sehr niedrig, und das hat sich in den vergangenen Jahren noch deutlich „verschlimmert“. Was getan und gelassen wurde war früher noch eher eine Frage des Anstands und der Ehre. Die werden heute durch immer mehr und immer unsinnigere Vorschriften verdrängt.

Streusalz gegen Schwarmintelligenz

Da ist es etwa verboten, auf dem Balkon zu rauchen, sofern der des Nachbarn nicht mindestens 8 Meter entfernt ist. Ein Zuwiderhandelnder wird dann nicht etwa vom Belästigten freundlich aufgefordert, mit seiner Zigarre ins Wohnzimmer zu gehen, sondern er wird juristisch belangt. Was konnten wir bei den lieben Tieren beobachten:

Ein paar simple Spielregeln, nach denen jedes Individuum sein Verhalten gegenüber den Nachbarn in seiner unmittelbaren Umgebung ausrichtet, sind der einzige Bauplan für dieses komplexen Gebilde, welches eine Magie in sich birgt, die als „Schwarmintelligenz“ bezeichnet wird.

Es geht aber noch schlimmer: ein Vater hatte das Smartphone seines 13-jährigen Sohns konfisziert, weil der seine Hausaufgaben nicht gemacht hatte. Daraufhin ging der Sohn zur Polizei und zeigte den Vater wegen Diebstahls an. Die Polizistin aber las nicht etwa dem Jungen die Leviten und schmiss ihn raus, sondern sie ging mit ihm nach Hause, um den Alten zur Rede zu stellen.

Soll der Staat eingreifen?

Es wird in Deutschland immer schwieriger kleinste Konflikte, auch zwischen Personen, die sich nahestehen sollten, ohne Hilfe des Staates zu lösen. Und der Staat springt bereitwilligst auf jede Gelegenheit auf, um Interaktionen zwischen einzelnen Menschen unter Kontrolle zu bekommen. Das wirkt dann so, wie wenn man die Interaktion zwischen den einzelnen Wassermolekülen stören würde, damit sich dann keine Eiskristalle bilden können. Das geschieht tatsächlich, etwa mit Hilfe von Salz, das auf winterlichen Stassen verteilt wird, um Glatteis zu verhindern. Und wenn man die Interaktion zwischen den "Molekülen der Gesellschaft", den Menschen, behindert, dann unterbindet man damit auch die Entstehung von kristalliner Schwarmintelligenz. Und das entsprechende intellektuelle Streusalz rieselt als „Tagesschau", „Heute", und tausend anderen Formaten im Dauerregen auf Deutschland nieder und erstickt die Entstehung jeglicher intelligenten Kristalle schon im Keim.

Allerdings muss man hier etwas differenzieren. Ein Teil der Gesellschaft zeigt eine gewisse Resistenz gegen dieses Streusalz! Wer ist das? Sind die etwa dagegen geimpft? Man könnte es so ausdrücken, präziser wäre es zu sagen, sie hätten gegen das SDSV2 Salz in der Vergangenheit eine natürliche Immunität entwickelt. Es handelt sich dabei um die Variante des kommunistisch-sozialistischen Vormundschaft Salzes Typ DDR, welches sie in diskreter und freundlicher Kooperation mit unmittelbaren Nachbarn überlebt hatten und dabei auf natürliche Weise Antikörper entwickelten.

Dieser Teil der Gesellschaft dachte vielleicht, dass das SDSV2 Salz für immer besiegt sei, findet sich aber jetzt mit der Variante SDSV3 konfrontiert. Dagegen verfügt sie allerdings über eine deutliche Kreuzimmunität. Das unterscheidet sie vom restlichen, westlichen Teil der Gesellschaft.

***

ERWACHSEN WERDEN

Wer nicht in Größenordnungen denken kann, der ist nicht erwachsen. Wenn Sie glauben, ein Gigawatt sei so etwas Ähnliches wie ein Megabyte, dann sind Sie schlimmer dran als ein Kleinkind, das glaubt, ein Euro sei so etwas Ähnliches wie ein Tausender. Ein Bürger, der nicht in Größenordnungen denken kann, der lädt seine Regierung ein, ihn um Größenordnungen zu betrügen. Und das ist mehr als nur ein Wortspiel.

Ein Teller für 1000 Euro

Die Mutter sagt zum Kind: „Bring den Teller zum Esstisch, aber lass ihn nicht fallen!" „War der teuer?" fragt das Kind? „hat der tausend Euro gekostet? " „Nicht ganz so viel, aber lass ihn trotzdem nicht fallen." Sagt die Mutter und schenkt dem Kleinen ein liebvolles und nachsichtiges Lächeln.

Jegliches Gefühl der Überlegenheit wäre hier aber fehl am Platz, denn wenn es sich um mehr als einen Teller handelt, etwa um die Stromversorgung oder das Klima, dann wäre die Frau Mama ebenso überfordert, wie der Kleine mit dem Teller. Deshalb biete ich Ihnen heute ein Training zur eigenen Selbsterkenntnis an. Vielleicht sagen Sie jetzt: „Ja, ich weiß, ich weiß, 85% der Bevölkerung können nicht Kopfrechnen. Ich gehöre aber zu den anderen 25% die das können."

Es geht hier nicht um Zahlenakrobatik, es geht nicht darum, die dritte Wurzel aus 7 auf fünf Kommastellen im Kopf auszurechnen; es geht darum, Ereignisse und Entscheidungen spontan nach ihrer Wichtigkeit und Tragweite beurteilen zu können. Da geht es selten um Kommastellen, da geht es um Größenordnungen. Da geht es um die Unterscheidung zwischen Meissner Porzellan und Woolworth.

Die Maus und der Elefant

Ich stelle Ihnen hier ein paar Aufgaben, um die Wichtigkeit von Themen in ihrer Größenordnung einzuschätzen. Ja, es geht und Zahlen, aber nur um die Größenordnung; handelt es sich eher um 10 oder

10.000? Kreuzen Sie bitte diejenige Alternative an, welche die Realität am besten wiedergibt.

Als Paradigma für verschiedene Größenordnungen dient ja die Unterscheidung zwischen Maus und Elefant. Damit haben Sie kein Problem? Dann kreuzen Sie bitte die Antwort an, die der Realität am nächsten ist:

Wieviel man so schwer ist ein Elefant im Vergleich zu einer Maus:

200 x

2000 x

20.000 x

200.000 x

2.000.000 x

Ein Flug Annalenas im Airbus A340 der Flugbereitschaft zu den Fidji Inseln (und zurück) verbraucht eine Menge Treibstoff. Wie viele typische deutsche Diesel-Fahrer würden damit ein Jahr lang auskommen?

0,5

5

50

500

5000

Stellen Sie sich vor, die Bundeswehr beschafft ein Lockheed F35 Kampfflugzeug. Stellen Sie sich nun vor, für das gleiche Geld würde man Porsche 911 Carrera kaufen und die hintereinander in gerader Linie parken. Wie viele Meter lang würde diese Reihe werden?

50 m

500 m

5000 m

50.000 m

500.000 m

Hätte man das KKW Grafenrheinfeld um 10 weitere Jahre am Netz gelassen und dadurch Stromimporte aus den Nachbarländern zum typischen Preis von 150 € pro MWh vermieden, welche Kosten wären dem deutschen Verbraucher dann erspart geblieben?

2.000.000 €

20.000.000 €

200.000.000 €

2.000.000.000 €

20.000.000.000 €

Die Digitalisierung verbraucht mehr und mehr Elektrizität, insbesondere, weil die Speicherung von Daten in der „Cloud" zunimmt. Welchen Anteil am weltweiten Stromverbrauch hat die Digitalisierung heute?

0,05%

0,5%

5%

50%

Wir machen uns Sorgen um das Weltklima, das durch zunehmende Konzentration von Kohlendioxid (CO2) gefährdet ist. Wie viel CO2 ist heute in der Atmosphäre? Stellen Sie sich die voll besetzte Allianz Arena vor, das Stadion von Bayern München. Es fasst 75.000 Besucher. Jeder Besucher repräsentiert ein „Luft Molekül". Die

Sauerstoff Fans tragen blaue Jerseys, die vom Stickstoff rote, und die bösen CO2 Moleküle gelb. Wie viele gelbe Jerseys gäbe es in der Arena unter den 75.000 Fans?

3

30

300

3.000

30.000

Die Antworten gibt es im nächsten Kapitel

***

ERWACHSEN WERDEN
DIE LÖSUNGEN

Die Ausgaben für Annalenas Visagistin haben wesentlich mehr Kritik hervorgerufen als etwa die Treibstoffkosten für ihre Weltreisen. Nur auf dem Flug zu den Fidschi-Inseln hat der Airbus der Bundeswehr für rund eine halbe Million Euro Sprit durch die Triebwerke geblasen.

Hier nun die Antworten zu den Quizfragen vom vorigen Kapitel. Rechnungen sind im Anhang daran zu finden.

Wieviel man so schwer ist ein Elefant im Vergleich zu einer Maus:

200 x

2000 x

20.000 x

200.000 x ✓

2.000.000 x

Ein Flug Annalenas im Airbus A340 der Flugbereitschaft zu den Fidji Inseln (und zurück) verbraucht eine Menge Treibstoff. Wie viele typische deutsche Diesel-Fahrer würden damit ein Jahr lang auskommen?

0,5

5

50

500 ✓

5000

Stellen Sie sich vor, die Bundeswehr beschafft ein Lockheed F35 Kampfflugzeug. Stellen Sie sich nun vor, für das gleiche Geld würde man Porsche 911 Carrera kaufen und die hintereinander in gerader Linie parken. Wie viele Meter lang würde diese Reihe werden?

50 m

500 m

5000 m ✓

50.000 m

500.000 m

Hätte man das KKW Grafenrheinfeld um 10 weitere Jahre am Netz gelassen und dadurch Stromimporte aus den Nachbarländern zum typischen Preis von 150€ pro MWh vermieden, welche Kosten wären dem deutschen Verbraucher dann erspart geblieben?

2.000.000 €

20.000.000 €

200.000.000 €

2.000.000.000 €

20.000.000.000 € ✓

Die Digitalisierung verbraucht mehr und mehr Elektrizität, insbesondere, weil die Speicherung von Daten in der „Cloud" zunimmt. Welchen Anteil am weltweiten Stromverbrauch hat die Digitalisierung heute? (Zuverlässige Daten sind nicht verfügbar)

0,05% ☺

0,5% ☺

Wir machen uns Sorgen um das Weltklima, das durch zunehmende Konzentration von Kohlendioxid (CO2) gefährdet ist. Wie viel CO2 ist heute in der Atmosphäre? Stellen Sie sich die voll besetzte Allianz Arena vor, das Stadion von Bayern München. Es fasst 75.000 Besucher. Jeder Besucher repräsentiert ein „Luft Molekül". Die Sauerstoff Fans tragen blaue Jerseys, die vom Stickstoff rote, und die bösen CO2 Moleküle gelb. Wie viele gelbe Jerseys gäbe es in der Arena unter den 75.000 Fans?

3

30 ✓

300

3.000

30.000

Auf der nächsten Seite die relevanten Rechnungen…

Um sich die Arbeit mit dem Malen der vielen Nullen zu sparen hat es sich bewährt, die *Anzahl* der Nullen einfach hinzuschreiben. Die Weltbevölkerung wird dann nicht:

8.000.000.000 geschrieben, sondern 8E+9. Auf Kommastellen verzichten wir großzügig. Hier ein paar Beispiele:

8E+9		Globale Bevölkerung
84E+6		Deutsche Bevölkerung
9E+3	h/y	Wie viele Sunden hat das Jahr

24E+3	TWh	Gesamter globaler Stromverbrauch
		1 - Annalenas-Flüge
20E+3	km	Berlin – Fidschi und zurück
850E+0	km/h	Durchschnittsgeschwindigkeit des A340
24E+0	h	Flugzeit
9E+0	t/h	Treibstoffverbrauch
424E+0	t	Gesamttreibstoff Hin- und Rückflug
1E+3	lit/t	Liter pro Tonne
508E+3	lit	Gesamtliter pro Hin- und Rückflug
910E+0	lit/y	Durchschnittlicher Treibstoffverbrauch eines deutschen Fahrers
559E+0	Fahrer	Äquivalent für Fidschi-Flug
		Annalenas Flüge verbrauchen so viel Treibstoff wie 500 deutsche Diesel Fahrer in einem Jahr
		3 - CO2 Fans in der Arena
75E+3	Fans	Kapazität der Arena
450E-6		CO2-Konzentration in der Luft
34E+0		Entspricht Fans in der Arenas
		In der Arena mit 75.000 Luft Molekülen gäbe 34 CO2 Fans in gelben Trikots

		4 - Elefant und Maus
5E+3	kg	Masse eines Elefanten
25E-3	kg	Masse einer Maus
200E+3		Verhältnis
		Ein Elefant hat die 200.000-fache Masse einer Maus
		5 - Grafenrheinfeld
1E+3	MW	Leistung Grafenrheinfeld
113E+6	MWh	pro 10 Jahre in die Zukunft
150E+0	€	Preis pro importierte MWh
17E+9	€	Wert der verbleibenden Kapazität
202E+0	€	p.P. deutsche Bevölkerung
		Grafenrheinfeld hätte für die kommenden 10 Jahre 17 MRD € an Strom-Importen gespart
		6 - Trinkwasser
2E+3	m3/sec	Produktion Rhein / Sekunde
173E+6	m3/day	Produktion Rhein / Tag
127E+0	lit/day	Verbrauch p.P. pro Tag
11E+9	lit/day	Gesamtverbrauch D pro Tag
6E+3	%	Anteil

Die deutsche Bevölkerung würde 6 % der Wassermenge verbrauchen, die der Rhein liefert

7 F35

85E+6	€	Preis für einen F35-Kampfjet
65E+3	€	Preis für einen Porsche 911 Carrera
1E+3		Anzahl Porsche / F35
5E+0	m	Länge eines Wagens
6E+3	m	Gesamtlänge

Würde man für den Preis eines Lockheed F35 Jets Porsches 911 kaufen und die hintereinander parken, dann ergäbe das eine 6 Kilometer lange Kolonne

***

Teil 4:

ERDERWÄRMUNG UND PHYSIK

KLIMAWANDEL - EIN APRILSCHERZ?

Am ersten April dürfen wir unsere Mitmenschen täuschen. Für einen Augenblick genießen wir dann den Wissensvorsprung und die Macht, die wir als Täuschender über den Getäuschten haben. Aber wir sorgen auch dafür, dass unser Opfer schnell aufgeklärt wird. Es folgt dann ein erleichterndes Lachen, und die kleine Schwindelei wird uns großzügig vergeben. Ist der Klimawandel etwa auch ein Aprilscherz? Der grandiose Film aus diesen Tagen „Climate: The Cold Truth" deutet darauf hin.

Macht durch Wissensvorsprung

Am ersten April ist es weltweit erlaubt, jemanden zu täuschen. Der Spaß hört auf, wenn man den Getäuschten „dumm sterben lässt". Dann entsteht eine Welt, in der die Schwindler durch Wissensvorsprung Macht über ihre Opfer haben. Diese Macht werden sie dann nutzen, um Scheinwelten aufzubauen, welche Maßnahmen rechtfertigen, die in der Realität niemals akzeptiert würden.

Die Opfer spalten sich in zwei Gruppen: die einen „haben den Mut, sich ihres eigenen Verstandes zu bedienen" und kritisieren besagte Maßnahmen. Das sind die „Querdenker". Die anderen unterwerfen sich widerstandslos, sei es aus Faulheit oder Unvermögen. Das sind die die nützlichen Idioten.

Dieses Spiel wurde anlässlich Corona bis zum Exzess praktiziert. Kürzlich haben nun Querdenker in der Sache ein paar massive Betrügereien aufgedeckt, und es könnte sein, dass diese Querdenker demnächst als Vordenker dastehen, und die nützlichen Idioten nur noch als Idioten.

Kalt und Warm

Corona ist erst mal vorbei, und der Klimawandel steht wieder im Vordergrund. Ich möchte Sie nun motivieren, durch Einsatz des eigenen Verstandes zu erkennen, was für ein Schwindel das ist. Dazu braucht es kein Studium in Klimawissenschaft. Das, was Sie ohnehin längst wissen, ist vollkommen ausreichend.

Es ist Ihnen ja nicht verborgen geblieben, dass es Tag und Nacht gibt. Das liegt daran, dass unsere Erdkugel sich wie ein Kreisel dreht, und dass der Punkt, auf dem wir uns zufällig befinden, mal der Sonne zugewandt ist, und mal nicht. Dann gibt noch es Sommer und Winter. Das liegt daran, dass dieser Kreisel sich nicht nur um die eigene Achse dreht, sondern dass er selbst um die Sonne kreist. Warum wird es deswegen mal wärmer und mal kälter? Sind wir auf dieser Reise mal näher an der Sonne, so wie der arme Ikarus, und mal weiter weg? Das ist tatsächlich der Fall, aber nur ganz wenig. Die Jahreszeiten haben einen anderen Ursprung.

Die Achse unseres Kreisels zeigt während der Reise um die Sonne nicht nach oben oder unten, sondern sie steht unbeirrbar schief im Weltraum. So neigt sich ihr oberes Ende, der Nordpol, manchmal zur Sonne hin, dann haben Sie Sommer. Wenn die Reise dann weiter geht, dann zeigt die Nordhalbkugel von der Sonne weg, und Sie haben dann Winter. Bei mir zu Hause ist das übrigens umgekehrt – ich lebe auf der Südhalbkugel.

Die Drehung der Erde und ihre Reise um die Sonne bestimmen also, wieviel Sonnenschein wir in jedem Moment abbekommen. Warum scheint dann im Sommer nicht ständig die Sonne? Unsere liebe Erde ist ja in eine Hülle aus Luft eingepackt, und die ist recht eigenwillig. Ihr Druck, ihre Strömung und ihr Wassergehalt ändern sich mehr oder weniger chaotisch von Ort zu Ort, von Stunde zu Stunde. Es ist ein Phänomen, welches wir auch als Wetter bezeichnen. Und ein Parameter, der uns hier besonders interessiert, ist die Temperatur.

Wo steht das Thermometer?

Die Temperatur kann beträchtlich schwanken; in einer kalten Winternacht messen wir vielleicht minus 10°C, im Sommer dann aber +30°C. Das sind 40° Unterschied – am gleichen Ort, im gleichen Jahr! Neben den kurzzeitigen Schwankungen gibt es aber auch langfristige Trends – so wie bei Aktien. Um die zu beobachten, nehmen die Wetterfrösche dann Mittelwerte über 30 Jahre oder mehr, und sie nennen das Ganze Klima. Seit einigen Jahrzehnten beobachtet man nun mit Aufmerksamkeit, vielleicht auch mit Besessenheit, die mittlere Erdtemperatur; und es besteht der Verdacht, dass diese ansteigt.

Wo steht nun dieses Thermometer für die mittlere Erdtemperatur? Gegenfrage: was ist die mittlere Temperatur in Ihrem Haus? Sie könnten im Wohnzimmer, in der Küche und im Bad Thermometer aufhängen und den Mittelwert bilden. Aber warum nicht auch in Büro und Treppenhaus? Die mittlere Temperatur ist offensichtlich eine willkürliche Angelegenheit. Bei unserem Planeten, mit zwei Drittel Meer und vielen Gebirgen, mit Arktis und Antarktis, ist die Sache noch willkürlicher. Aber das macht nichts, es geht ja nur um die langfristige *Veränderung* dieser Temperatur, nicht um ihren absoluten Wert.

Nehmen wir einmal die Jahresmittelwerte, die seit langem von einer diszipliniert betriebenen Wetterstation aufgezeichnet wurden. Da bekommen wir eine wilde Zickzacklinie. Wir nehmen jetzt ein Lineal und ziehen eine Linie, die möglichst wenig von den einzelnen Werten abweicht. Und siehe da: diese Linie hat eine Steigung! (die Abbildung unten ist nur symbolisch, nicht wissenschaftlich)

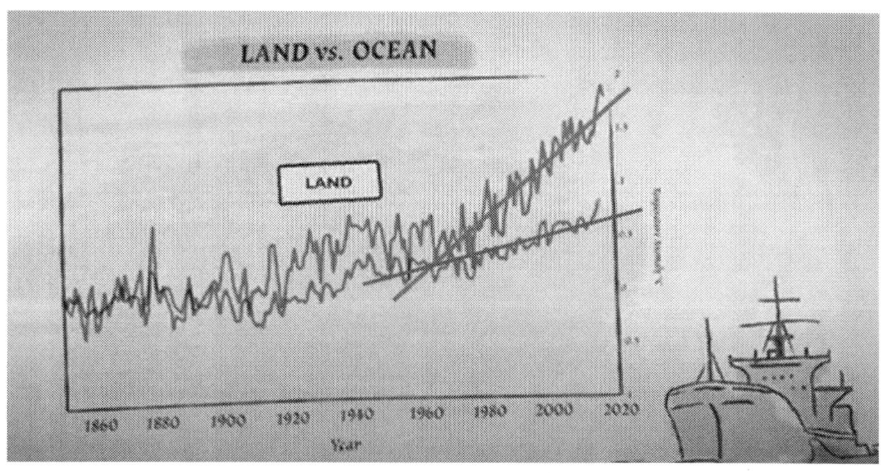

Halb so schlimm

Vielleicht gibt es in der gleichen Gegend noch eine andere Wetterstation, mit deren Daten wir dieselbe Prozedur machen können. Und siehe da: jetzt hat diese Linie fast keine Steigung! Wie kann das sein? Nun, die erste Station stand 1950 noch mutterseelenallein auf einer grünen Wiese. Seither aber wurde die Gegend bebaut. Es wurden Straßen gelegt, deren schwarzer Asphalt in der Sonne heiß wird, und Häuser, die im Winter geheizt werden. Davon hat die erste Wetterstation etwas abbekommen, die zweite aber nicht – und bedenken Sie, wir messen hier hundertstel Grade! Im Zentrum einer Großstadt aber kann es bis zu 5°C wärmen sein, als in ihrer Umgebung! Und wieder anders ist es, wenn Wetterbojen oder freundliche Handelsschiffe die Temperatur der Luft über dem Meer messen, das ergibt etwas ganz anderes. (Siehe die blaue Kurve in der Graphik oben).)

Wir brauchen keine Supercomputer, um uns daraus einen Reim zu machen: Während der letzten Zeit ist die durchschnittliche Lufttemperatur pro Jahr um ein bis zwei Hundertstel Grad Celsius angestiegen, je nachdem wo man misst. Ist das tragisch? Auf garkeinen Fall. Anders ausgedrückt, in fünfzig Jahren ist es nicht mehr als 1°C wärmer geworden; das ist weniger als an einem ganz normalen Tag vom Aufstehen bis zum Frühstück.

So wenig - aber dennoch ist darauf eine globale politisch - religiöse - finanzielle Bewegung entstanden, die nichts im menschlichen Dasein unberührt lässt.

Eine kleine Eiszeit

Das Universum wurde nicht geschaffen, um den Erdbewohnern über Jahrmillionen hinweg die von den Klimapäpsten und -Priestern geforderte ideale konstante Temperatur zu garantieren. Zur Zeit der Dinosaurier war es rund 15°C wärmer als heute, und seither ging es gewaltig auf und ab. In Wintern des 17. Jh. war die Themse in London oft zugefroren, und nicht nur dort herrschte die „kleine Eiszeit".

Es sind unterschiedlichste Prozesse, welche die Erdtemperatur bestimmen, manche davon laufen auf der Erde selbst ab, manche in der Sonne, und wieder andere im übrigen Weltall. So hat die Sonne ihre Launen und strahlt manchmal mehr und manchmal weniger. Insbesondere schwankt ihre Leistung in Zyklen von 11 Jahren, die sich dann in der Erdtemperatur widerspiegeln (siehe Graphik unten). Aber auch von weiter weg wird eingegriffen: Aus Entfernungen von Tausenden von Lichtjahren kommt kosmische Strahlung, die letztlich die Bildung von Wolken beeinflusst, und damit den Anteil des Sonnenscheins, der an deren Oberseite zurück ins All reflektiert wird.

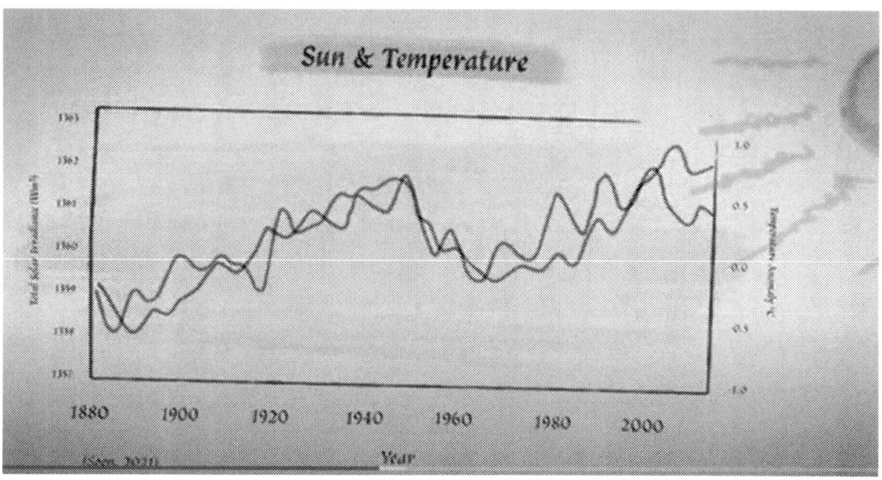

Das böse CO2

Dann gibt es in der Atmosphäre die so genannten „Treibhausgase“, welche die Abstrahlung von Wärme durch die Erdoberfläche in den Kosmos behindern. Das in der Luft enthaltene Wasser ist das stärkste unter ihnen, und dann gibt es da noch das Kohlendioxid (CO2), wie es etwa bei der Gewinnung von Energie aus fossilen Brennstoffen entsteht.

Seit 1955 hat die CO2 Konzentration in der Luft von 315 auf 420 ppm zugenommen, d.h. heute finden sich 420 Moleküle CO2 unter einer Million Moleküle Stickstoff und Sauerstoff. Vor 220 Millionen Jahren waren es 4000 ppm, also zehnmal so viel, und damals fühlten sich die Dinosaurier durchaus wohl.

Ende des vergangenen Jahrtausends entstand nun eine Bewegung, deren Aussagen weltweit starken Einfluss auf die Politik gewannen. Deren Behauptungen sind:

- Die gegenwärtige Temperaturzunahme stellt für alle Lebensformen auf der Erde eine existenzielle Bedrohung dar.
- Einzige Ursache für die Erwärmung ist die von Menschen verursachte Emission von CO2, und die hat durch die Industrialisierung und Motorisierung stark zugenommen.
- Nach Erreichen einer bestimmten kritischen Konzentration von CO2 („Tipping Point") wird die Erwärmung nicht mehr zu stoppen sein und die Erde wird unbewohnbar.
- Die Politik muss alle notwendigen Maßnahmen ergreifen, um dem vorzubeugen.

Politik und CO2

Sind diese Behauptungen und Forderungen richtig, bzw. berechtigt? Entscheiden Sie das jetzt bitte selbst. Tatsache ist jedenfalls, dass diese Thesen mit gnadenloser Propaganda verbreitet und verteidigt werden, die nicht zu einer Demokratie passt. Das geht einher mit einer Dekadenz der logischen Denkfähigkeit und der sachlichen Kritik. Da wird dann psychologisch auffälligen Teenagern, die sich auf Straßen und an Bildern festkleben, mehr Raum in den Medien gegeben als einem kritischen Nobelpreisträger.

Und der gehorsame Bürger verteidigt brav das politische „Narrativ" und behauptet tatsächlich, er könne diese Erwärmung um 0,015° pro Jahr ganz deutlich spüren: „Die Hitze gestern – so etwas hat es früher nie gegeben". Aber das ist Psychologie, nicht Meteorologie. Hier ein anderes Beispiel:

Da sagt Bärbel zu ihrer besten Freundin: „Du, Anita, ich möchte mich auf keinen Fall in deine Privatangelegenheiten mischen, aber es wird gemunkelt, dass dein Mann eine Freundin hat." Anita protestiert, aber Bärbel bleibt am Ball: „Es soll die Sekretärin seines Chefs sein, diese Blonde." Anita versucht ihre Emotionen zu verbergen, aber von diesem Moment an sucht sie in jeder kleinsten Aktion ihres Mannes nach Indizien. „Diese Hose hat er doch noch nie ins Büro angezogen. Glaubt wohl, dass man dann seinen Bauch nicht sieht.“, „Schon wieder länger im Büro heute Abend, angeblich wegen Projekt Kondor. Den Vogel möchte ich sehen.“ Etc.

Und so geht es nicht wenigen, die sich vom Klima betrogen fühlen. Eifersüchtig suchen sie nach Indizien, die ihren schlimmsten Verdacht erhärten. Ein Regenschauer um 11 Uhr morgens, oder kein Regen am Wochenende, wenn das keine Indizien für den Klimawandel sind.

Deutschland und das Klima

In der gesamten westlichen Welt hat das Narrativ „Klimawandel“ Einfluss auf die Politik, mit dem Ziel, die pro Kopf CO2-Emissionen zu verringern. Die deutsche Politik hat besonders drastische Maßnahmen implementiert, liegt aber dennoch mit 8,1 Tonnen (pro Person und Jahr) an Europas Spitze. In Österreich sind es nur 7,2 und in Frankreich 4,7. Wie kann das sein?

Die von der deutschen Regierung verordneten CO2-Sparmaßnahmen bringen für die Menschen dramatische Einbußen an Lebensqualität und treiben Unternehmen in den Bankrott oder ins Ausland. Aber der gewünschte Effekt wurde nicht erzielt, im Gegenteil. All diese von Wirtschaft und Bevölkerung erbrachten Opfer waren vergeblich, dank der Abschaltung und Zerstörung der deutschen Kernkraftwerke. Die hatten zuvor große Mengen an CO2-freier Energie geliefert. Wieso hat man das getan? Was ist also das wahre Ziel? Das wird uns nicht verraten.

Offensichtlich genießt hier die Regierung einen Wissensvorsprung und die daraus resultierende Macht, die sie als Täuschender über das getäuschte Volk hat. So war das ja auch während der Corona Krise. Doch haben hier furchtlose Journalisten mit der Aufklärung begonnen. Und es könnte sein, dass auch der Klima-Schwindel eines Tages entlarvt wird. Kein Aprilscherz hält ewig.

(Anregungen zu diesem Text wurden einem Beitrag von Matthias Burchardt entnommen, sowie dem erwähnten Film, aus dem auch die beiden Grafiken stammen.)

***

LEKTIONEN VON MUTTER SONNE

Wer glaubt, die Sonne wäre eine unveränderliche Quelle von Licht und Wärme, die uns über die Jahrmillionen immer gleichbleibend mit Energie versorgt, wer glaubt, dass jegliche Veränderung von Temperatur oder Klima auf Erden nur durch den Menschen verursacht sein kann, der bekommt alle elf Jahre eine Lektion erteilt. Vor ein paar Tagen war es wieder so weit.

Viele Kinder

Für jedes kleine Kind ist es ein Trauma, wenn es erfahren muss, dass die Mutter nicht ausschließlich für ihn oder für sie da ist. Auch Mutter Sonne hat viele Kinder, die Planeten, und die Erde ist nur eines davon. Und nicht nur das, Mutter Sonne führt auch ein Eigenleben, und, falls Sie es noch nicht wissen sollten, sie hat ihre Perioden. Alle 11 Jahre verändert sich ihr hormonelles Gefüge, sie bekommt Flecken im Gesicht, sogenannte Sonnenflecken, und ihre Ausstrahlung schwankt gewaltig.

Bei der Gelegenheit stellt sie auch ihr Magnetfeld auf den Kopf und sie wirft alles, was ihr in die Quere kommt, mit voller Wucht in den Weltraum hinaus, ohne darauf zu achten, welches ihrer Kinder etwas davon abbekommt. Sie schleudert das Zeug mit 300 – 3000 km/sec um sich, das ist verdammt schnell. Die gute Nachricht ist, dass sie nur mit Protonen und Elektronen um sich wirft, das sind so etwa die kleinsten Projektile, die man sich vorstellen kann. Und nicht nur das, wie der Zufall es will, ist unser Planet mit einer Art schusssicherer Weste ausgestattet.

Die Erde hat ein Magnetfeld, dessen Kraftlinien zwischen Nord- und Südpol so ähnlich verlaufen, wie bei dem Stabmagneten aus dem Physikunterricht. Und wie es die Physik nun will, laufen die Protonen und Elektronen wegen ihrer elektrischen Ladung am liebsten parallel zu diesen Linien. Und diese Linien laufen ihrerseits bei Arktis und Antarktis in die Erde hinein. Zu diesen Regionen hin also werden die schnellen Teilchen kanalisiert. So in 200-300 km über der Erdoberfläche treffen die schnellen Teilchen dann auf vereinzelte Moleküle der obersten Atmosphäre, die da oben zwar sehr spärlich, aber dennoch vorhanden sind.

Leucht-Buchstaben im Himmel

Bei so einem Zusammentreffen bringen die Projektile die Elektronen der Luft-Moleküle durcheinander, welche dann auf dem Rückweg in die für sie vorgesehene Ruheposition Licht aussenden. Die Stick-soff-Moleküle leuchten dabei blau-grün, die von Sauerstoff rötlich. Das ist der gleiche Vorgang wie bei den guten alten „Leucht-Buchstaben".

Auf seinem Weg Richtung Erde kann ein Teilchen mehrere Moleküle beglücken, dabei wird es langsamer, bis es schließlich seine Energie verpulvert hat. Auch die Moleküle werden Richtung Erde häufiger, so dass das Leuchten zunimmt und schließlich in einem hellen Saum endet, wie bei einer Gardine.

Jetzt im Mai 2024 hat Mutter Sonne diese Teilchen besonders kraftvoll um sich geschleudert, sodass man die leuchtenden Gardinen nicht nur in Lappland oder Feuerland zu sehen bekam, sondern auch in den zivilisierten Gegenden des Planeten. Ich hatte einmal, vermutlich 1991, also vor 3 Zyklen, das Privileg, nachts auf dem Flug von Los Angeles nach Deutschland aus dem Cockpit einer Boeing 747 so ein Schauspiel zu beobachten. Über Grönland flog man durch diese Orgie von Licht und Farben, und ohne künstlichen Horizont hätte auch die Crew nicht mehr gewusst, wo oben und unten ist.

Vital Statistics von Mutter Sonne

Für die, die es genau wissen wollen, hier noch ein paar persönliche Daten von Mutter Sonne: Ihr Durchmesser ist etwa das Hundertfache des Erddurchmessers, ihre Masse ist das 330.000 fache! Zu drei Vierteln besteht sie aus Wasserstoff, der Rest ist Helium. In ihrem Zentrum herrschen etwa 15 Millionen Grad und die Dichte wird auf 150-mal die Dichte von Wasser geschätzt. Das sind genau die idealen Bedingungen, um die Forscher und Ingenieure hier auf Erden so verzweifelt ringen, mit dem Ziel, die kontrollierte Kernfusion zu realisieren. Im Inneren der Sonne passiert das ganz spontan. Hin zur Oberfläche sinkt die Temperatur dann allerdings auf angenehme 5500°C.

Wird das immer so bleiben? Keineswegs. In rund 5 Milliarden Jahren wird sich die freundliche Sonne in einen bösen „Roten Riesen" verwandeln, der sich über alle Massen ausdehnt und dann auch unseren Planeten mit seinen unendlich heißen Gasen verschlingt. Da wird dann auch die bislang so erfolgreiche Klimapolitik der Bundesregierung an ihre Grenzen stoßen. In dem Zusammenhang wird kolportiert, dass nach einem Vortrag zu diesem Thema, als der Referent besagte 5 Milliarden Jahre in den Raum gestellt hatte, eine bekannte deutsche Politikerin bemerkte: „Jetzt bin ich aber beruhigt. Für einen Moment fürchtete ich schon, sie würden sagen 5 Millionen Jahre." So langfristig denkt man in unserer Regierung also.

***

DIE WOLKENMACHER

Trotz zunehmender Zweifel an der These, dass fossile Brennstoffe einen fatalen Klimawandel verursachen, ist dennoch jedes Mittel recht, um diesen zu bekämpfen. In den Vereinigten Staaten hat nun ein Vorhaben Aufsehen erregt, welches die Einstrahlung der Sonne reduzieren soll, indem man die Wolken manipuliert. Man spricht von „Geo – Engineering“, gewissermaßen von plastischer Chirurgie an Mutter Erde.

Oben weiß und unten dunkel

Die Theorie hinter dem „CAARE“ genannten Projekt ist folgende: Das menschengemachte CO2 hindert die Erde daran, die von der Sonne empfangene Energie wieder ins All zurückzustrahlen. Als Gegenmaßnahme sorgen wir jetzt dafür, dass die Sonne ihrerseits nicht ihre volle Strahlung bis zur Erdoberfläche bringt. Wie soll das geschehen? Durch Wolken. Was sind Wolken überhaupt?

Die Sonnenstrahlung wärmt die Erd- oder Meeresoberfläche. Die erwärmte Luft steigt auf, und mit ihr das darin absorbierte Wasser. Wieviel das ist, das hängt von der Temperatur ab. Bei 20°C sind es maximal 17 Gramm pro Kubikmeter, bei tieferen Temperaturen wesentlich weniger. Deswegen wird die Flasche Mineralwasser, direkt aus dem Kühlschrank geholt, jetzt auch außen nass, denn die 20°C warme Umgebungsluft kühlt sich an der Flasche dramatisch ab, und das bislang gasförmige Wasser kondensiert.

Luft, die sich im Kontakt mit der Erd- oder Meeresoberfläche erwärmt, wird leichter und steigt auf - ein Vorgang der auch als Thermik bezeichnet wird. Dabei dehnt sie sich aus und kühlt sich wieder ab. Und dann kommt irgendwann der Moment, in dem sie das absorbierte Wasser nicht mehr halten kann, und es bilden sich viele winzige Tröpfchen, die dann als Wolken am Himmel schweben. Wolken sehen aus der Fußgängerperspektive dunkel aus, aber wenn man aus dem Flugzeug von oben darauf schaut, dann sind sie blendend weiß. Das deutet darauf hin, dass sie das Sonnenlicht reflektieren, mit anderen Worten, sie sorgen dafür, dass so gut wie keine Sonnenenergie mehr zur Erde vordringt, sie wird in den Weltraum zurückgelenkt. Kein Wunder also, dass die Wolken von unten dunkel aussehen.

Je kleiner, desto weißer

Dieser Vorgang findet seit Jahrmilliarden statt. Er ist gewissermaßen der Thermostat der Erde: je wärmer, desto feuchter die Luft, je feuchter die Luft desto mehr Wolken, je mehr Wolken desto weniger Sonne kommt bis zur Erde durch. Diesem bewährten Kreislauf soll nun nachgeholfen werden.

Man hat herausgefunden, dass Wolken auf der Oberseite nicht immer gleich weiß sind, dass also manche mehr und andere weniger Sonnenlicht zurück ins All reflektieren. Woran liegt das? An der Größe der Tröpfchen: je kleiner die Tröpfchen, desto weißer die Wolke. Man kann nun in die Wolkenbildung eingreifen, indem man winzige Salzkristalle in der feuchten Luft verteilt. Diese Kristalle, kleiner als ein Tausendstel Millimeter, werden von der Feuchtigkeit als willkommene „Kondensationskeime“ genutzt. Wenn man nun genügend Kristalle einspeist, dann bilden sich immer neue kleine Tröpfchen, statt dass die vorhandenen Tröpfchen so wachsen würden, so wie das von der Natur vorgesehen ist.

Die künstlich aufgehellten Wolken würden dann an ihrer Oberfläche mehr Sonnenlicht zurück ins All reflektieren und dadurch die Erde vor dem befürchteten Klimakollaps retten.

Man hat sich nicht nur Gedanken zu diesem Thema gemacht, man hat es an der Küste von San Francisco in einem ersten Experiment realisiert. Das Salz kam aus dem Meer und wurde dann unter extremem Druck zerkleinert und durch eine Art Schnee-Kanone, wie man sie in Schigebieten findet, in die Luft geschossen. Die ganze Maschinerie war auf einem ausrangierten Flugzeugträger installiert.

Geht denn das?

Das Experiment war nicht öffentlich angekündigt worden und die tiefgrünen und höchst woken Kalifornierinnen haben darauf mit einem Protest reagiert, als wäre vor ihrer Haustüre eine Neutronenbombe gezündet worden. Aber was ist von der Sache zu halten? Um einen Effekt auf die mittlere globale Temperatur zu haben, müsste die ganze Welt so lange mit Salz bestäubt werden, bis jeder einzelne

Regentropfen einen menschengemachten Kristall in seinem Inneren trüge. Das ist kaum machbar und vermutlich hätten die schädlichen Nebenwirkungen bis zu dem Zeitpunkt noch mehr Unheil angerichtet als die globalen „Impfungen“ gegen Corona. Aber haben die CAARE Wissenschaftler das nicht auch sofort erkannt?

Vielleicht haben die eine andere Rechnung angestellt: Die Worte „Climate Change“ im Titel eines jeden Projektes wirken wie ein „Sesam, öffne dich“ auf die Tresore mit den Milliarden, die den Steuerzahlern dieser Welt aus der Tasche gezogen wurden, oder sie öffnen die Portemonnaies der Bill und Belinda Gates Foundation. Letztere hat übrigens schon sehr früh in genau dieses Wolken-Geschäft investiert, so wie auch bei Corona.

***

GEFÜHLTE TEMPERATUREN

Kann man tatsächlich fühlen, wie es von Jahr zu Jahr wärmer wird? Oder handelt es sich hier um den „Asch-Effekt“, der besagt, dass die Hälfte der Menschen ihre eigene Wahrnehmung verwerfen, wenn der Rest der Gruppe anderer Meinung ist? Ein Blick auf die gemessenen Temperaturen soll diese Frage beantworten. Dazu benutzen wir nicht die aus Satellitendaten berechneten Werte, sondern die langzeitigen Aufzeichnungen von Messstationen, wie sie an Flughäfen installiert sind.

Ein kalter Oktober

Bei Diskussionen über den Klimawandel hört man auch von vernünftigen Personen oft die Ansicht „Aber, dass es irgendwie wärmer wird, daran besteht doch wirklich kein Zweifel.“ Dieser Satz fiel hier kürzlich in meiner südafrikanischen Heimat und veranlasste mich zu der nächstliegenden Aktion: Ich holte mir die Wetterdaten der vergangenen 30 Jahre vom Flughafen Kapstadt (genannt „Matroosfontein“ in den Originaldaten), und erstellt daraus eine Graphik.

Zur Erklärung: Nach Gewohnheit der Wetterfrösche wird gerne die Temperaturentwicklung des (willkürlich gewählten) Monats Oktober betrachtet. Man nimmt die höchste an jedem Tag gemessene Temperatur und bildet deren Mittelwert über die 31 Tage des Monats. Das ergibt für jedes Jahr also einen Pinkt auf der graphischen Darstellung. Das Gleiche tut man mit der tiefsten und der mittleren Temperatur. So ergeben sich im betrachteten Zeitraum von 28 Jahren für jeden der 28 Monate Oktober jeweils drei Zahlen. In der Graphik sind sie durch die obere, mittlere und untere dargestellt..

Im Jahr 2018 beispielsweise; da hatten wir offensichtlich einen heißen Oktober mit Tageshöchsttemperaturen bei knapp 30°C, 2015 hatten wir einen „kalten“ Oktober mit Nächten um die 8°C.

Schauen wir uns die Mitteltemperatur an, so sieht man, dass auch die von Jahr zu Jahr stark fluktuiert. Eine dieser Kurve angepasste gepunktete Gerade gibt eine jährliche Erwärmung von ca. 3 Hundertstel Grad wieder. Diese Zahl ist aber angesichts der Schwankungen recht unsicher, und man kann bestimmt nicht daraus schließen, dass der Oktober in 100 Jahren um 3 Grad wärmer sein wird. Und ob die sensible Kapstädterin diese Hundertstel Grade Erwärmung tatsächlich gespürt hat? Das kann nur sie selbst entscheiden.

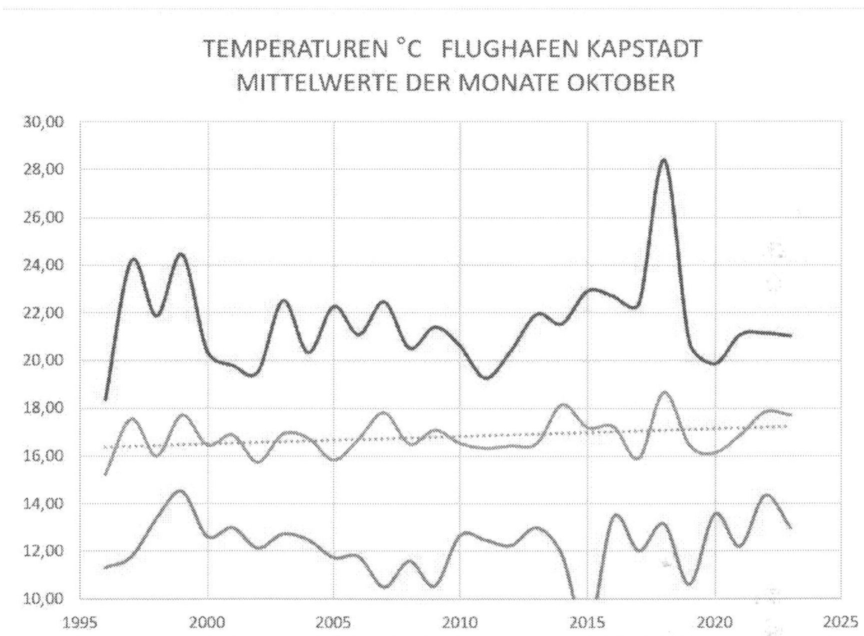

Kapstadt ist nicht die Welt

Kapstadt ist vielleicht die schönste, aber nicht die einzige Stadt der Welt, und noch dazu liegt sie auf der Südhalbkugel (also Richtung Pinguine für Minister:innen). Wie sieht es Richtung Eisbären, also auf der Nordhalbkugel aus? Im Vertrauen auf die Neutralität der Schweiz habe ich dieselben Temperaturbetrachtungen zum Flughafen Basel angestellt und bin zum gleichen Resultat gekommen.

Über die vergangenen 28 Jahre ist kein nennenswerter Trend zu erkennen. Die Steigung der angepassten Linie zeigt drei Hundertstel Grad pro Jahr.

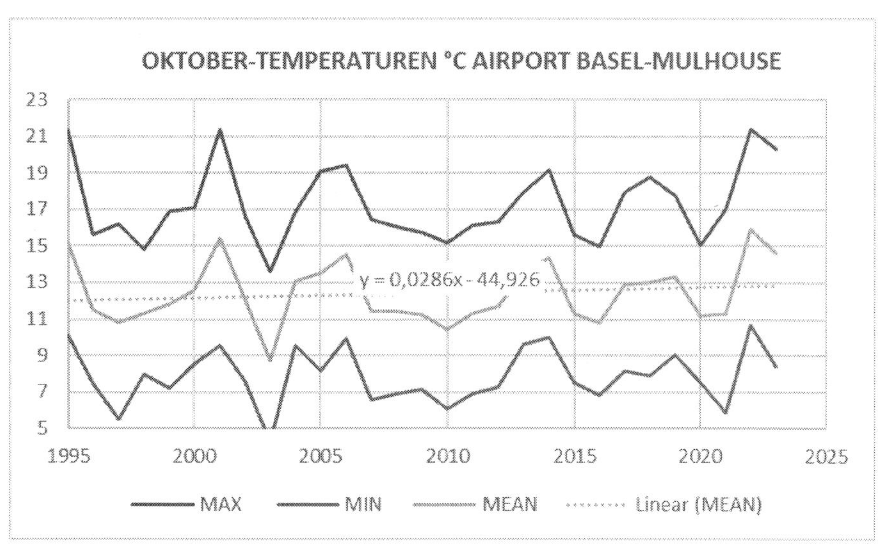

Wie es der Zufall will

Während ich mir diese Daten anschaue empfange ich eine E-Mail von Herrn Josef K., und was schickt er: Die Temperaturdaten, welche die Dale-Enterprise-Station (sie ist Bestandteil des US-Messnetzes) in Virginia über die letzten 50 Jahre aufgezeichnet hat.

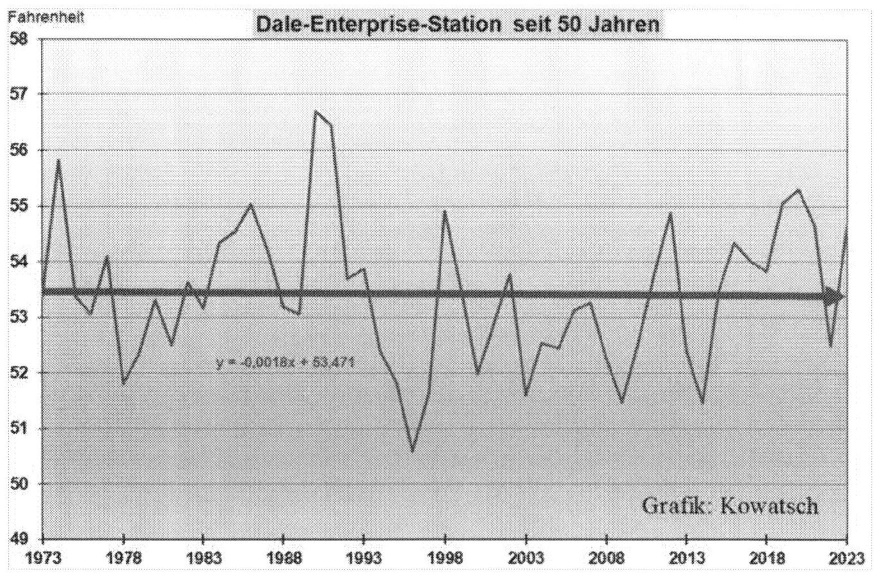

Nachdem kein Monat angegeben ist, wollen wir annehmen, dass es sich um die über das ganze Jahr gemittelten Temperaturen handelt. Durch die Linie wird ein Wert von 53,5° Fahrenheit = 12°C wiedergegeben, das wäre auch etwa Münchens Mitteltemperatur, hört sich also plausibel an. Hier ist keinerlei Trend zu erkennen! Nicht über 50 Jahre!

Wenn Sie den Artikel „Klimawandel – Ein Aprilscherz?" gründlich gelesen haben, dann haben Sie auch eine Antwort auf diesen Unterschied: Um die Flughäfen Basel und Kapstadt ist die Urbanisierung in den vergangenen Jahrzenten stark angestiegen, die Dale-Enterprise-Station aber steht nach wie vor in der Pampa.

In den historischen Wetterdaten dieser Erde lauert also einiges an Sprengstoff. Temperaturangaben an Flughäfen sind übrigens wichtig für die Flugsicherheit. Temperatur beeinflusst Luftdichte, und diese die Tragfähigkeit der Luft und diese die nötigen Start- und Landegeschwindigkeiten von Flugzeugen. Es ist zu hoffen, dass dieses unendlich wertvolle Datenmaterial unangetastet bleibt.

Und noch etwas: Gefühle sind mit Sicherheit das richtige Thermometer, wenn es um zwischenmenschliche Dinge geht, in Sachen Klima brauchen wir aber Logik.

***

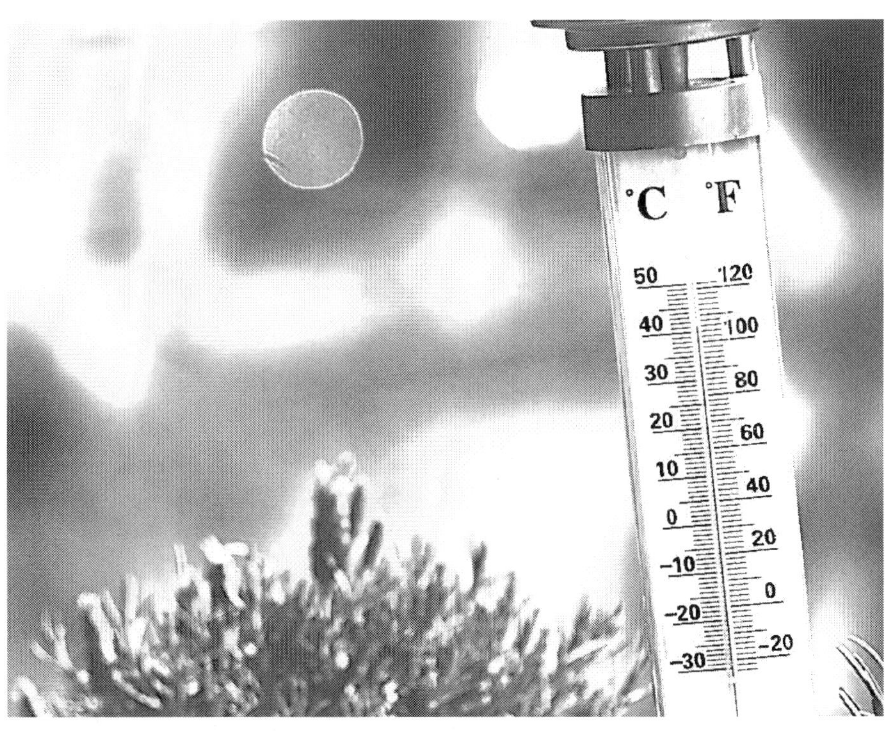

GLOBAL WARMING - HALB SO SCHLIMM

Seit einem halben Jahrhundert messen Satelliten die Temperatur der Erde. Da sollten inzwischen genügend Daten vorliegen, um diese mit den Prognosen von Computermodellen vergleichen zu können. Mehrere Teams vom Meteorologen haben das getan, und ihre Ergebnisse sind (nicht) überraschend.

Die Temperatur der Erde

Wieso kann ein Satellit überhaupt die Erdtemperatur messen? Das geschieht sehr indirekt. Man benutzt eine Eigenschaft der Luft, genauer gesagt die vom Sauerstoff, dessen Moleküle je nach Temperatur mehr oder weniger infrarote Strahlung aussenden. Die Satelliten haben Spektrometer an Bord, das sind Messgeräte, die genau auf diese, für das Auge unsichtbare Strahlung geeicht sind. Aus deren Daten kann man dann Rückschlüsse auf die Temperatur ziehen.

Lassen Sie mich das an einem Beispiel veranschaulichen: In der Nähe Ihrer Wohnung findet ein großes Volksfest statt. Da herrscht dann ab Mittag ein Lärmpegel, der bis zu Ihnen schallt. Um herauszufinden, wie viele Besucher gerade auf der Kirmes sind, analysieren Sie diesen Schall. Da gibt es Stimmen von Kindern, Männern und Frauen zusammen, die lachen, singen oder ein Bier bestellen. Dazu kommen Geräusche von Karussells, Geisterbahnen und Funkstreifen.

Sie installieren auf dem Balkon ein Mikrophon und schließen daran ein „Spektrometer für Schall", welches die Tonhöhen und Lautstärken misst, aus denen der Lärm zusammengesetzt ist. Sie beobachten all das sehr genau und finden ein Fenster im Spektrum der Tonfrequenzen, in dem der von Menschen verursachte Schall liegt. Nach der Faustformel „je lauter, desto mehr" bestimmen Sie jetzt die momentane Besucherzahl.

Infraroter Lärm

So einer Aufgabe stehen auch unsere Meteorologen gegenüber. Aus dem infraroten „Lärm", der von den verschiedensten physikalischen

Prozessen in der Atmosphäre und am Erdboden erzeugt wird, betrachten Satelliten die Intensitäten in einem bestimmten Fenster des Spektrums. Daraus berechnen sie dann eine Temperatur. Aber welche Temperatur ist das? Immerhin ist die Atmosphäre viele Kilometer dick, und mit jedem Höhenkilometer wird es ca. 6 °C kälter. Die Spektrometer schauen also in ein riesiges Gemisch unterschiedlicher Temperaturen. Da muss nun einiges gerechnet werden, um auf eine realistische Aussage über die Temperatur in Erdnähe zu kommen. Die sollte dann auf ein Zehntel Grad stimmen, um in Sachen Klimawandel relevant zu sein.

Das Wechselspiel der Elemente

Man hat kürzlich die Messergebnisse von NASA und NOAA (National Oceanic and Atmospheric Administration), die seit Beginn der Satellitenmessungen aufgelaufen sind, sehr genau analysiert und kommt zu folgendem Ergebnis: Seit den Siebziger Jahren hat sich die Atmosphäre pro Jahrzehnt um 0,15 °C erwärmt. Wenn das so weiterginge, dann läge die Erderwärmung zum Ende des Jahrhunderts bei 1,2 °C.

Die Satelliten der University of Alabama Huntsville (UAH) wiederum haben für die sieben Jahre 2015-2022 eine Abkühlung von 0,016 Grad beobachtet. Das ist nicht im Einklang mit den „offiziellen“ und von Mainstream-Medien verbreiteten Nachrichten, und wir sollten uns das also etwas genauer anschauen.

Um Ursachen einer möglichen Erderwärmung zu identifizieren, muss man sämtliche Vorgänge anschauen, die Einfluss auf die Temperatur der Erde haben könnten. Das sind Faktoren wie die Variationen der Sonnenaktivität, Wolken, Änderungen der Erdumlaufbahn, Ausbreitung von Vegetation, Zusammensetzung der Atmosphäre und vieles mehr.

Daraus kann dann ein „Modell“ erstellt werden, d.h. mit Hilfe einer Fülle von mathematischen Gleichungen, welche den jeweiligen Effekt beschreiben, simuliert man, welche Temperaturen sich im Wechselspiel dieser Einflüsse einstellen würden.

Komplizierte Modelle

Für solche Rechnungen benutzt man praktischerweise Computer, und so hat sich der Begriff „Computermodell" eingebürgert. Dieser sehr anspruchsvollen Aufgabe haben sich eine Reihe von Institutionen angenommen, die meist unter dem Dach der UN Behörde IPCC arbeiten. Es besteht nun der Verdacht, dass dort nicht etwa nach den wahren Ursachen der Erwärmung gesucht wird, sondern dass diese a priori feststeht: Es ist das von Menschen gemachte CO2 in der Luft. Alle Beobachtungen sollen genau diese eine Hypothese beweisen, und sie sollen beweisen, dass das Ende des Planeten kurz bevorsteht. Das ist etwa so, wie wenn bei einem Arzt die Diagnose feststeht, bevor er den Patienten untersucht hat. Er nimmt a priori Malaria an und benutzt dann die Fieberkurven nur zur Bestätigung seiner Behauptung.

Die IPCC-konformen Computermodelle prognostizieren im Gegensatz zu den oben erwähnten 1,2 Grad eine Erwärmung von 2,4 Grad bis zum Jahr 2100. Kann man das glauben? Was ist eher plausibel?

Theorie und Wahrheit

Man kann die Modelle auf ihre Tauglichkeit prüfen, indem man sie darauf ansetzt, die Temperaturverläufe der Vergangenheit zu reproduzieren. Man könnte das Computerprogramm beispielsweise mit den Temperaturdaten von 1980 bis 2000 füttern und daraus eine Prognose für die Jahre 2001 bis 2020 berechnen. Die kann man dann mit den tatsächlich gemessenen Werten vergleichen.

Genau so etwas in der Art hat man gemacht, und statt der tatsächlichen, gemessenen Erwärmungen von 0,15 bis 0,18 Grad pro Jahrzehnt ergibt die Simulation Werte um die 0,25 Grad. Diese signifikante Abweichung muss einen sehr skeptisch stimmen. Wenn Theorie und Wirklichkeit voneinander abweichen, dann ist es klug, der Wirklichkeit mehr Glauben zu schenken als der Theorie. Und so muss man auch die 2,4 Grad Prognose für das Jahr 2100, sowie den damit verbundenen Weltuntergang, in Zweifel ziehen. Die mit dieser fraglichen Prophezeiung gerechtfertigten politischen und wirtschaftlichen Sanktionen würden unsere Zivilisation eher ruinieren als es die Erdtemperatur könnte.

Will man uns da etwa absichtlich betrügen? Vielleicht wenden Sie ein, dass sich kein Wissenschaftler für so ein abgekartetes Spiel hergeben würde, ebenso wenig wie Ärzte serienweise Malaria-Diagnosen stellen würden. Nein? Malaria vielleicht nicht, aber Corona schon eher; und vielleicht haben ja manche Ärzte und manche Klimaforscher eine ähnliche Motivation.

***

PHYSIK UND KLIMAWANDEL DIE ANGST VOR DER WAHRHEIT

Ein Physiker, der nichts von Klimawissenschaft versteht, ist nützlicher als ein Klimawissenschaftler, der nichts von Physik versteht. Daran kann auch die COP28 Konferenz nichts ändern, die am 30.11.23 in Dubai beginnt. Als Gegengewicht zum globalen IPCC-Klimazirkus hat sich nun vor vier Jahren eine Gruppe unabhängiger Forscher gebildet, nach dem Motto: „Es kommt nicht auf die Anzahl der Experten an, sondern auf die Qualität der Argumente."

Beobachten und Rechnen

Die Sprache der Physik ist die Mathematik; alles andere ist eine schlechte Übersetzung. Wer diese Sprache beherrscht, der wird sich schnell in den verschiedensten physikalischen Regionen zurechtfinden. Ziel der Physik ist, Beobachtungen der unbelebten Welt zu beschreiben und auf allgemeine Prinzipien zurückzuführen. So hat etwa Sir Issaac Newton herausgefunden, dass die Bewegungen eines Apfels und des Mondes denselben Gesetzen gehorchen, die er dann in den „Newtonschen Gleichungen" beschrieb.

In den dreieinhalb Jahrhunderten seither ist unendlich viel beobachtet und beschrieben worden, sodass heute für die Forschung nur noch Objekte übrig bleiben, die entweder schwer zu beobachten oder schwer zu beschreiben sind, oder beides. Vor hundert Jahren konnte man dann Atome so genau beobachten, dass man sie auch beschreiben konnte, wozu dann allerdings die Quantenmechanik entwickelt werden musste. Zu der Zeit wurden auch in kosmischen Dimensionen Fortschritte gemacht, etwa bezüglich der Ausdehnung des Universums und der Natur der Sterne. Heute dringt man in noch kleinere, bzw. noch größere Dimensionen vor, dank riesiger Beschleuniger bzw. Teleskope, die im Weltraum kreisen.

Keine Geheimnisse?

Gibt es also bald keine Geheimnisse mehr? Kann man alles berechnen? Nehmen wir ein Weinglas und lassen es fallen. Kann man vorausberechnen, welche Form die Scherben dann haben werden, und wie sie sich auf dem Boden verteilen? Wohl kaum. Es ist unmöglich, den Ablauf dieses Experiments vorauszusagen, denn zu viele verschiedene, unbekannte Parameter spielen eine Rolle. Wie elastisch ist der Boden? Hat sich das Glas im Fluge gedreht? Um einen Winkel von 2,15° oder vielleicht 2,17°? Das kann einen großen Unterschied machen. Auch wenn alle physikalischen Aspekte dieses Vorgangs bekannten Gesetzen gehorchen, so ist es doch unmöglich, das Ergebnis vorherzusagen.

Wenn das Ergebnis schon feststeht

Auch beim Klima – das ist die Mittelung des Wetters über mehrere Jahrzehnte - sind alle physikalischen Abläufe bekannt: Verhalten von Gasen und Flüssigkeiten bei verschiedenen Temperaturen, Wechselwirkung von Wärmestrahlung mit Molekülen, Reflexion und Absorption von Licht, etc. Und doch wäre es aussichtslos, zu versuchen, den Ablauf dieses globalen Experiments berechnen zu wollen. Es gibt einfach zu viele verschiedene Parameter, die hier eine Rolle spielen, und man kennt sie nicht genau genug, zumindest nicht alle.

Trotzdem versucht sich die globale Klimabewegung an einer Prognose des Klimas. Allerdings macht man sich die Sache einfach: Man misst die „Temperatur der Erde“ (das sind in Wirklichkeit Satellitenmessungen der Infrarotstrahlung der Luft, die dann recht kompliziert in Grade Celsius umgerechnet werden) und behauptet, diese hinge nur von der CO2-Konzentration in der Atmosphäre ab; oder zumindest schreibt man jegliche Erwärmungen ganz einfach dem CO2 Anstieg zu, während Phasen der Abkühlung ignoriert werden.

Tatsächlich wird hier gar keine Wissenschaft betrieben, denn das Ergebnis steht schon seit Jahren fest: „Die Erde erwärmt sich, und die Menschen sind schuld“. Um diese Behauptung zu verkaufen, macht man ein schein-wissenschaftliches Brimborium, welches die Öffentlichkeit beeindrucken soll. Da werden dann wilde Diagramme aus den neuesten Supercomputern in einer Klimakonferenz präsentiert und von mehr als 70 000 Teilnehmer abgesegnet. Unter ihnen ist übrigens auch der Heilige Vater, und der ist unfehlbar.

Wissenschaft geht anders

Wir verdanken den Fortschritt der exakten Wissenschaften einer Ethik und Methodik, die sich seit Newtons Zeiten bewährt hat. Forscher veröffentlichen ihre neuen Erkenntnisse und verraten, wie sie dazu gekommen sind. Weltweit können dann Kollegen die Experimente oder Überlegungen wiederholen. Dabei kommen sie zu denselben Ergebnissen - oder auch nicht. Im zivilisierten Dialog wird dann nach dem Irrtum gesucht; man „einigt" sich dabei nicht aber auf einen Kompromiss, denn in der Wissenschaft ist Konsens gleich Nonsens.

Die Experten des Klimawandels scheuen die beschriebene Methodik wie der Teufel das Weihwasser. Sie weichen sachlichen Argumenten aus und desavouieren den Kritiker: „Er ist ja kein Klimawissenschaftler". Aber, glauben Sie mir, ein Physiker, der nichts von Klimawissenschaft versteht, ist nützlicher als ein Klimawissenschaftler, der nichts von Physik versteht.

Ich bin nicht der Erste, der diese Erkenntnis hat. Vor vier Jahren gründete der holländische Ingenieur, Geophysiker und Professor Guus Berkhout die „Climate Intelligence - CLINTEL", der sich knapp 2000 interessierte und engagierte Persönlichkeiten aus 15 Ländern angeschlossen haben. Unter ihnen ist auch der Physik-Nobelpreisträger von 2022, John Clauser.

Hier ein Auszug aus der „Welt – Klimaerklärung“ besagter Organisation:

Es gibt keinen Klimanotstand

Es kommt nicht auf die Anzahl der Experten an, sondern auf die Qualität der Argumente.

Die Klimawissenschaft sollte weniger politisch sein, während die Klimapolitik wissenschaftlicher sein sollte. Wissenschaftler sollten Unsicherheiten und Übertreibungen in ihren Vorhersagen zur globalen Erwärmung offen ansprechen, während Politiker die tatsächlichen Kosten sowie die angeblichen Vorteile ihrer politischen Maßnahmen nüchtern berücksichtigen sollten. ... Die Welt hat sich deutlich weniger erwärmt, als vom IPCC auf der Grundlage der Modellierungen anthropogener Einflüsse vorhergesagt wird. Die Kluft zwischen der realen Welt und der modellierten Welt zeigt uns, dass wir weit davon entfernt sind, den Klimawandel zu verstehen.

(Clintel world climate declaration

There is no climate emergency

It is not the number of experts but the quality of arguments that counts. Climate science should be less political, while climate policies should be more scientific. Scientists should openly address uncertainties and exaggerations in their predictions of global warming, while politicians should dispassionately count the real costs as well as the imagined benefits of their policy measures....The world has warmed significantly less than predicted by IPCC on the basis of modelled anthropogenic forcing. The gap between the real world and the modelled world tells us that we are far from understanding climate change.)

***

WIRD DUBAI DIE WENDE BRINGEN?

Werden die G7 den Rest der Welt dazu bringen, ihre Stromversorgung auf erneuerbare Energiequellen umzustellen? Um das zu beurteilen, muss man die Größe der BRICS-Staaten betrachten – und den dort herrschenden Lebensstandard.

Größenordnungen

Die Statistik schreibt G7 einen kumulativen Anteil von 29% am globalen BIP zu, während die BRICS-Staaten auf 26% kommen. Gibt dieser Vorsprung der alten Welt ausreichend Macht, um ihre Vorstellungen von nachhaltiger Energieversorgung auch dort durchzusetzen? Oder eher nicht?

29% und 26% sind immerhin vergleichbare Zahlen. Nicht vergleichbar sind dagegen die Zahlen der Einwohner: 800 Millionen gegenüber 3,2 Milliarden. In den BRICS-Staaten leben viermal so viele Menschen wie in den G7. Das bedeutet aber, dass das pro Kopf BIP in beiden Welten sehr unterschiedlich ist, und damit auch der Lebensstandard.

Das ist noch vorsichtig formuliert. Tatsächlich sind alle BRICS-Staaten arm, wenn auch in unterschiedlichem Ausmaß. In Brasilien leben 26% der Bevölkerung in Armut, in Russland 10%, in China 26%, in Indien 22% und in Südafrika 40%. Armut bedeutet gemäß den Kriterien der World-Bank $2 pro Tag oder weniger.

Den Schalter umlegen

Ich lebe seit 20 Jahren in einem der BRICS-Staaten, in Südafrika, und hatte Gelegenheit zu beobachten, was das bedeutet. Der Unterschied zwischen $1 oder $2 pro Tag ist größer als der zwischen $1000 und $2000. Mit $2 hat man eine Chance zu überleben, mit $1 kaum. Wenn hier also eine Million Dollar übrig sein sollten, die nicht in der Tasche eines korrupten Politikers verschwinden, dann müssen sie in Infrastruktur und Schaffung von Arbeitsplätzen investiert werden. Alles andere wäre zynisch. Oder sollte eine mögliche

Erwärmung des Planeten von ein Grad Celsius in 50 Jahren wichtiger sein als das Überleben der eigenen Bevölkerung im Hier und Heute?

Hier kommen 94% des Stroms aus Kohle, und der Abbau von Edelmetallen und Eisen im Nordosten des Landes ist auf 100% sichere Versorgung angewiesen. Nichtsdestotrotz schlug vor ein paar Jahren der Bundesminister für wirtschaftliche Zusammenarbeit und Entwicklung Gerd Müller bei seinem Besuch vor, man solle doch von Kohle auf Windkraft umstellen; Deutschland würde bei der Finanzierung helfen. Was für eine geniale Idee.

Er hatte anscheinend die Vorstellung, man müsste nur einen großen Schalter umlegen, um auf erneuerbar zu wechseln. Die Zerstörung existierender Kraftwerke und der wichtigen Kohlewirtschaft aber wäre eine fatale Vernichtung von Arbeitsplätzen. Sicher wusste der Herr Minister auch nicht, dass aus Südafrika jährlich rund zehn Million Tonnen Kohle nach Europa exportiert und viele Millionen Tonnen in Benzin verwandelt werden. Das Bild zeigt die 10 km lange Karawane von Lkws, die Tag und Nacht Kohle zum südafrikanischen Hafen Richards Bay bringen, von der ein Teil dann auch in deutschen Kraftwerken landet.

Südafrika hat jedenfalls damals das freundliche Angebot von Herrn Müller abgelehnt. Vielleicht war ja auch der „Erfolg“ der Energiewende in Deutschland nicht überzeugend genug.

Die Schwergewichte und die Kohle

Brasilien, ein Land mit gut 200 Millionen Einwohnern, erzeugt nur 5% seines Stroms aus Kohle. Wie schaffen die das? Sie profitieren von Wasserkraft, nicht zuletzt von dem gigantischen Staudamm im Rio Paraná, dessen Turbinen immerhin 14 Gigawatt liefern; das entspricht der Leistung von einem Dutzend ausgewachsener Kernkraftwerke. Aber echte Kernkraft gibt es auch im Lande. Dennoch hat Präsident Lula beim BRICS-Treffen im August dieses Jahres laut verkündet, sein Land werde den gestiegenen Strombedarf durch Ausbau der Kohlekraftwerke decken. Warum? Ganz simpel: weil das der billigste Weg ist. Ja, auch hier muss man sparen, auch hier lebt ein Viertel der Bevölkerung in Armut.

Die Schwergewichte bei BRICS sind natürlich China und Indien. Zusammen bringen sie 2,5 Milliarden Einwohner auf die Waage und eine installierte Leistung von sage und schreibe 1100 Gigawatt, das wären rund tausend Kernkraftwerke, wenn der Strom nicht zu mehr als 50% aus Kohle käme. Und mit der wachsenden Industrie wächst auch hier der Bedarf an Elektrizität, und auch hier setzt man natürlich auf Kohle, denn Beide Länder haben immerhin riesige Reserve davon.

Ein indischer Politiker machte es sehr deutlich: „Sowohl in China als auch bei uns in Indien wird die unbequeme Wahrheit deutlich, dass es nach wie vor die verhasste Kohle ist, die das Licht am Brennen hält.“

Die *„Conference of Parties“*

Zusammengefasst heißt das: die BRICS Länder mit knapp 50% Anteil am weltweiten CO2 Ausstoß werden ihre Emissionen weiter steigern, wobei sich nur Russland zurückhält. Allerdings haben sich alle verpflichtet, bis Mitte des Jahrhunderts aus der Kohle ausgestiegen zu sein. Dieses Wunder muss dann die nächste Generation vollbringen.

Aber haben denn die Vereinten Nationen keinen stärkeren Einfluss? Da finden doch seit 1995 jährlich große Klimakonferenzen statt. Die letzte *„Conference of Parties“* zur Rettung des Weltklimas (COP 27) fand 2022 in Sharm el Sheik statt, einem Badeort an der Südspitze Sinais. Hundert Staatsoberhäupter und 35.000 sonstige Teilnehmer kamen. Das entspricht der Einwohnerzahl einer ganzen Stadt. Diesen Monat trifft man sich in Dubai - wie üblich für 14 Tage. Doch all dieser Aufwand lässt das CO2 in der Atmosphäre vollkommen unbeeindruckt! Die Konzentration ist seit 1995 unbeirrt und stetig von 360 auf 420 ppm angestiegen. Wie kann das sein?

Das Ganze erinnert an eine Szene aus dem Film: „Some Like It Hot“, der zur Zeit der amerikanischen Prohibition spielt. Schauplatz ist

Miami, wo sich die Freunde der italienischen Oper zu deren alljährlicher „*Conference of Parties*“ treffen. Das Hotel begrüßt die Teilnehmer mit Spruchbändern wie: „WELCOME FRIENDS OF THE ITALIAN OPERA“.

Dem Zuschauer bleibt aber nicht verborgen, das im Gepäck der Gäste keine Geigen oder Flöten liegen, sondern Whiskyflaschen und Maschinenpistolen. Es handelt sich in Wirklichkeit um eine Konferenz der Mafiabosse, die um die Aufteilung des Markts streiten. Es geht weder um Rigoletto noch um Tosca, es geht um Macht und Geld. Die italienische Oper ist nur Fassade.

Und so könnte es ja sein, dass es auch bei den Freunden des Weltklimas nicht um CO2 und Hundertstel Grade Celsius geht, sondern um einen Anteil am Milliardengeschäft namens Klima, an den CO2-Zertifikaten und dem „Green Climate Fund“. Und so wie zum Treffen der Freunde der italienischen Oper tatsächlich ein naiver Musikfreund anreisen könnte, der sich für Verdi und Puccini interessiert, so könnte es ja auch ein naiver Teilnehmer unter den Freunden des Weltklimas geben, der den ganzen Schwindel nicht durchschaut. Und dieser naive Teilnehmer könnte Deutschland sein.

***

Teil 5:

WENDE OHNE ENDE

RETTET PROMETHEUS

Prometheus hatte einst das Feuer und die Kraft des Geistes vom Olymp gestohlen und die Menschheit damit beglückt. Es war der Beginn der Zivilisation. Falsche Gottheiten der heutigen Zeit möchten das rückgängig machen. Das dürfen wir nicht zulassen.

Die erstaunlichen Finken

Sicherlich haben Sie schon einmal von diesen Raben oder Finken gehört, die mit winzigen Werkzeugen ganz erstaunliche Dinge verrichten. Die schnappen sich einen dünnen Zweig und stochern damit in einem Loch herum, das für den Schnabel selbst zu eng wäre. Vielleicht sitzt da ja ein Wurm drin, der dumm genug ist, sich an dem Stöckchen festzuhalten. Den holt sich der Vogel dann zum Frühstück heraus.

Wieso kann der das? Hat er sich das von anderen abgeschaut? Oder ist das in seinen Erbanlagen vorprogrammiert? Es gäbe noch eine andere Möglichkeit. Vielleicht saß der Kerl in seinem Nest, hatte Hunger, und sagte sich: „Hm, so ein fetter Wurm wäre jetzt recht, so wie er sich immer im Stamm von dieser Eiche verkriecht. Aber ich komme in das verdammte Wurmloch mit meinem dicken Schnabel nicht rein. Aber, Moment mal, wenn ich ein dünnes Stöckchen fände und damit dann …“

Diesen letzteren Prozess möchte ich als „geistiges Probehandeln“ bezeichnen. Er ermöglicht uns den Zugang zu Handlungen, auf die wir niemals durch Zufall gestoßen wären. Wir wollen hier nun nicht untersuchen, welche Tiere in welchem Ausmaß zu geistigem Probehandeln in der Lage sind. Stellen wir uns diese Frage lieber im Zusammenhang mit den Menschen.

Feuer und Geist

Zweifelsohne waren unsere Brüder und Schwestern in der Steinzeit dazu in der Lage, denn das Feuermachen mit Flintstein und Zunder erforderte logisches Denken und Kreativität, also geistiges

Probehandeln. Die Beherrschung von Feuer und geistigem Probehandeln ist nichts weniger, als die Basis aller Zivilisation.

In der Mythologie wird dieser Meilenstein der Schöpfungsgeschichte durch die Figur des Prometheus verkörpert, dem Helden, der Feuer und Geist vom Olymp geraubt und den irdischen Geschöpfen beschert hatte. Damit hatte er Zeus & Co. deren wichtigste Alleinstellungsmerkmale genommen, und entsprechend hart war die Strafe. Er wurde an einen Felsen gekettet, wo dem nun Wehrlosen täglich seine Leber durch einen Adler entrissen wird. Als Halbgott ist er allerdings unsterblich, und so hat sein Leiden kein Ende.

In den letzten Jahrzehnten hat sich nun eine neue Gattung von Gottheiten entwickelt, denen wir absolut nichts zu verdanken haben, die sich aber auf unsere Kosten ein Leben in Allmacht und in grenzenlosem Wohlstand gönnen. Damit das auch so bleibt, wollen sie uns die Gaben des Prometheus wieder wegnehmen. Sie erklären uns, dass der Gebrauch des Feuers zum Untergang der Welt führe, und sorgen dafür, dass jede Nutzung dieses Geschenks des Prometheus durch eine Strafzahlung – genannt CO2 Zertifikat - geahndet wird. Den Erlös teilen sie sich dann großzügig auf jährlichen Kongressen. Letztes Jahr trafen sich immerhin 85.000 solcher Götter und Halbgötter, um dort ihren Anteil an Almosen in Empfang zu nehmen.

Ächtet die falschen Gottheiten

Parallel zur Besteuerung des Gebrauchs von Feuer wird ein Verbot des logischen Denkens, des geistigen Probehandelns implementiert. Bei Zuwiderhandlung wird nicht etwa die kritische Argumentation des Denkers in Frage gestellt, sondern der Kritiker selbst wird aus der Gemeinschaft der selbsternannten Guten ausgestoßen. Er wird nach Kräften benachteiligt, etwa durch willkürliche Verhaftung oder Enteignung. Umgekehrt werden Personen belohnt, deren Ziel es ist, die logischen Abläufe der Zivilisation zu sabotieren. So wird die Blockade von Straßen und Rollbahnen auf Flughäfen nicht nur ermöglicht, sondern sogar aus gewissen Quellen belohnt.

Aber nicht nur das, die Tempel die logischem Denken und geistigem Probehandeln einst geweiht wurden, die Hochschulen, werden zweckentfremdet. Sie dienen heute der Unterdrückung von Logik und dem Züchten einer Ideologie, welche die Herrschaft der neuen Gottheiten als alternativlos darstellt. Leistung wird durch Haltung ersetzt, Maschinenbau durch Genderkunde.

Wo nun finden wir diese neuen Gottheiten? Jedenfalls nicht auf dem Olymp! Ihre körperliche Präsenz ist sehr variabel: mal in Davos, mal in Brüssel, mal in Dubai, mal in New York. Aber ihre ideologische Präsenz ist überall – und überall zu bekämpfen.

Lassen wir uns die Gaben des Prometheus, das Feuer und die Freiheit des Geistes nicht von unwürdigen Mächten stehlen. Wir schulden denen absolut nichts, außer unserer Verachtung. Wir müssen Prometheus folgen, der die Freiheit des Denkens und das Feuer für die Menschheit in Anspruch nahm. Johann Wolfgang von Goethe legte dem zeitlosen Helden diese Worte in den Mund, denen auch die falschen Gottheiten von heute und die Letzte Generation nichts zu entgegnen haben:

Wähntest du etwa,
Ich sollte das Leben hassen,
In Wüsten fliehen,
Weil nicht alle Blütenträume reiften?
Hier sitz ich, forme Menschen
Nach meinem Bilde,
Ein Geschlecht das mir gleich sei,
Zu leiden, zu weinen,
Zu genießen und zu freuen sich
Und dein nicht zu achten,
Wie ich!

***

ENERGIEWENDE - JETZT IN EINFACHER SPRACHE

Wir haben eine Regierung. Die ist mächtig und darf machen, was sie will. Die macht auch Klimapolitik. Klimapolitik ist aber schlecht, weil sie uns schadet. Das müssen wir den Männern und Frauen in der Regierung sagen. Wir sagen das in einfacher Sprache, damit sie uns verstehen.

1.

Die Autos auf der Straße und die Fabriken machen viel böses Gas. Das kann man nicht sehen und nicht riechen. Es ist anders als Dampf und Rauch, der aus dem Schornstein kommt. Das Gas ist schuld, dass es auf der Welt immer wärmer wird. Bald wird es so warm, dass wir alle sterben müssen. Das haben Männer in Amerika gesagt. Deswegen dürfen wir kein Gas mehr machen, oder nur noch ganz wenig.

2.

Der Strom für unsere Fernseher und Lampen kommt aus einer Fabrik. Da wird Strom aus Kohle gemacht. Dabei entsteht viel böses Gas. Darum haben die Leute in der Regierung das verboten. Die haben auch andere Kraftwerke verboten, die kein böses Gas machen. Die Kraftwerke sind auch böse, aber irgendwie anders. Die sind so schlimm, dass man sie kaputt gemacht hat. Die Männer, denen die gehört haben, kriegen dafür viel Geld, damit sie nicht traurig sind.

Unser Strom kommt jetzt aus Windmühlen. Die drehen eine elektrische Maschine, die den Strom macht. Die Windmühlen machen kein böses Gas. Das ist gut. Aber manchmal gibt es keinen Wind. Das ist nicht gut. Man kann auch Strom aus Sonnenschein machen. Dazu werden auf die Felder viele schwarze Platten gelegt. Auch die machen Strom ohne böses Gas. Aber wenn Wolken da sind und nachts bringen sie nichts.

Woher kommt der Strom dann? Dann wird uns Strom von fremden Ländern in elektrischen Kabeln geschickt. Dafür müssen wir viel Geld bezahlen. Manchmal schalten wir auch wieder ein altes

Kraftwerk ein. Das verbrennt Kohle und macht wieder böses Gas. Das wollten wir doch nicht.

Wir haben in Deutschland große Fabriken, in denen Autos oder andere Sachen gemacht werden. Da sind ganz große Maschinen, die ganz viel Strom brauchen. Für den muss der Mann, dem die Fabrik gehört, ganz viel Geld bezahlen. Manchmal hat er dann kein Geld mehr für die Arbeiter. Dann geht er pleite. Das ist nicht gut, weil die Arbeiter dann keine Arbeit mehr haben.

Das haben aber Leute in der Regierung nicht verstanden.

3.

Das böse Gas, das andere Länder ausstoßen, die 100.000 Kilometer weg sind, schadet uns genauso. Das haben die Männer in Amerika so gesagt. Wenn die Chinesen viel Gas machen, dann wird es auch bei uns heiß. Dann müssen wir sterben, trotzdem sich bei uns die Leute auf die Straße kleben. In Indien wird auch viel Kohle verbrannt. Weil da so viele Leute sind. Und die sind ganz arm und kümmern sich nicht um das böse Gas. Die sind froh, wenn sie zu essen haben.

Die Inder und Chinesen machen tausendmal mehr Gas als wir. Und es gibt Leute die rechnen aus, dass wir mit den Windmühlen gar kein böses Gas einsparen! Die sagen, wir würden genauso viel Gas machen, wie früher, als es noch kein Klima gab. Obwohl, wegen der Inder und Chinesen ist das auch egal. Aber leiden müssen wir trotzdem, weil alles so teuer wird.

4.

Warum macht Ihr von der Regierung das so? Die schöne Landschaft stellt ihr mit riesigen Windrädern voll. Die Äcker liegen voller schwarzer Platten. Und dem Klima hilft das rein Garnichts. Der Strom und überhaupt alles ist viel zu teuer. Die Geschäftsleute sagen, dass es der Wirtschaft schlecht geht. Wisst ihr eigentlich, was Ihr da tut? Früher, als ihr noch nicht an der Macht wart, da war alles besser.

Da ging es uns allen gut. Da waren die Leute auch noch fröhlich. Aber heute sind alle misstrauisch und doof.

Was soll das alles? Seid ihr dumm oder böse, oder beides?

***

RÜCKENWIND FÜR DAS E - AUTO

Warum nehmen wir die Windgeneratoren mit ihrem Flatterstrom eigentlich nicht vom Netz und laden damit die derzeit so unbeliebten E- Autos auf? Das wäre mal eine echte Win-Win Situation. Nicht möglich sagen Sie? Lesen Sie weiter

---

Ein Regal voller Strom

Nehmen wir eine handelsübliche Windmühle, auf deren Typenschild 2 Megawatt steht. Das heißt auf Deutsch, dass sie im Durchschnitt pro Tag um die

2 MW × 24 h × 20% = 9,6 MWh oder 9600 KWh

liefert. Die 20% stehen für den Zeitraum, an dem vernünftiger Wind weht. Betrachten wir jetzt ein generisches Elektroauto, dessen Batterie 48 kWh fasst, dann könnte die Windturbine täglich 9600 / 48 = 200 Stück davon betanken – oder mehr, sofern die nicht alle total leer waren. Das wäre doch etwas: Je Windmühle eine „Tankstelle".

Und wie sähe die Rechnung für das ganze Land aus? Da werden derzeit pro Jahr ca. 40 Milliarden Liter Benzin in die Ottomotoren unserer Autos gepumpt, und die erzeugen pro Liter 2,5 kWh mechanischer Leistung. Insgesamt ist also der jährliche Leistungsbedarf unserer Autos 40 Mrd. × 2,5 kWh = 100 Terawattstunden (TWh). Und was liefern unsere Windkraftanlagen? „Onshore" wurden in Deutschland im Jahre 2023 etwa 120 TWh erzeugt. Das käme also hin!

Nicht mit meiner Batterie

Aber wie soll das gehen, wenn Sie ihren elektrischen Liebling auftanken möchten, und es herrscht Windstille? Und hier kommt der Trick: Der Windmüller hat da ein ganzes Regal voller Batterien herumstehen, die gerade mit Flatterstrom geladen werden, und ein anderes mit solchen, die bereits voll sind; und die warten nur darauf, auf die Reise zu gehen. So ein frisch geladenes Exemplar wird jetzt in Ihr Fahrzeug eingebaut, und die leere Batterie bleibt beim Windmüller. Vielleicht protestieren sie jetzt: Aber das ist doch MEINE

Batterie, die habe ich gehegt und gepflegt und die gebe ich nicht her, auch nicht, wenn sie leer ist Tatsache ist aber, dass Ihnen die Batterie nie gehört hat, sondern dass sie beim Kauf des Fahrzeugs als Leihgabe mit dabei war. Die kommt jetzt beim Windmüller an die Steckdose und wird demnächst mit jemand anderem auf die Reise gehen.

Das geht doch nicht

Jetzt höre ich ganz deutlich Ihren Einwand: die e-Autos haben doch alle ganz verschiedene Batterien, wie soll das gehen? Gut, die Batterien müssten normiert werden; ein Alltagswagen hätte dann vielleicht eine 48 kWh Standard Batterie an Bord, und die schwere Limousine zwei Stück davon. Dass das kein Problem ist, das sieht man bei den Spielzeugautos unserer lieben Kleinen; da hat das rosa Cabrio des Töchterchens zwei AA Zellen an Bord, und der „Humvee" ihres Bruders fährt mit vier oder sechs, je nach Bewaffnung.

Aber trotzdem wollen Sie ja nicht den halben Tag warten, bis das Teil aus - und eingebaut ist! Der Austausch dauert doch etwas länger als bei den AA-Zellen der Spielzeugautos! Ja, etwas länger schon, aber nicht viel. Ein freundlicher Roboter erledigt das in der „Swap Station" in fünf Minuten

Der Ingenieur wird jetzt einwenden, dass die Batterien der e-Autos nicht einfach mit einem Schnappverschluss eingeklickt und mit einer Lüsterklemme angeschlossen werden. Diese Batterien müssen dem Chassis ganz wesentliche mechanische Stabilität verleihen. Aber ich sagen Ihnen: wenn ein Ingenieur heute ein Problem erkennt, dann kommt er morgen mit einer Lösung. Bei den Reifen hat das ja auch geklappt, und die müssen auch was aushalten.

Zu viele Vorteile

Diese Lösung hätte sehr viele Vorteile:

- Die vielen Windmühlen, die das Netz durch Flatterstrom instabil machen, und die als Backup zusätzlich konventionelle

Kraftwerke erfordern, hätten endlich eine nützliche Verwendung.

- Es wird kaum mehr überschüssigen Strom geben, der ins Ausland verklappt werden muss, da man das System insgesamt so auslegen kann, dass zu jedem Zeitpunkt ein gewisser Anteil der Batterien aufgeladen werden muss.
- Der Aufbau ist dezentral. Einer oder ein paar Windgeneratoren versorgen eine „Swap Station" direkt mit Strom. Das macht einige der heute für die Einspeisung ins Netz erforderlichen Transformatoren und Leitungen überflüssig.
- Es gibt keine Notwendigkeit für das von den Batterien so gefürchtete Schnellladen.
- Die lange Wartezeit für das Aufladen entfällt als Argument gegen den Kauf eines E-Autos.
- Der Wiederverkaufswert von E-Autos bleibt erhalten, da der Zustand der Batterie für den Käufer kein Risiko darstellt. Beim nächsten Tanken bekommt er ja sowieso eine andere.

Wird man diesen Weg in Deutschland verfolgen? Vermutlich hätte diese Sache zu viele Vorteile für die Bevölkerung und wird deswegen abgelehnt – so wie die Kernkraft. Man wird unsere Autos lieber mit Kraftstoff aus Feuerland betreiben, wo Strom in Wasserstoff, dann mit Co2 verbunden in Methanol verwandelt und um die halbe Welt zu uns transportiert wird.

***

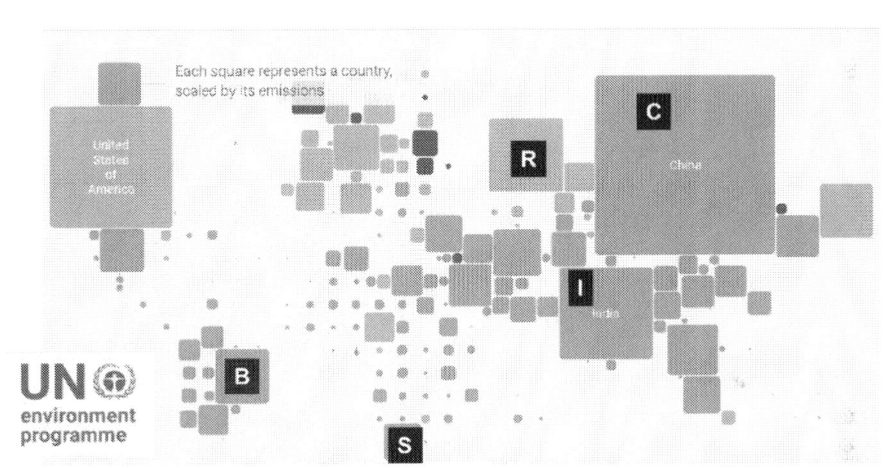

DIE WELT SETZT AUF KOHLE UND WIR FRIEREN

In China sind derzeit Kohlekraftwerke mit über 100 Gigawatt Gesamtleistung in Konstruktion oder geplant. Auch in den übrigen BRICS-Staaten wird nationalen Interessen Vorrang vor Klima-Vereinbarungen mit der UNO eingeräumt. Deutschland aber ruiniert seine Energieversorgung, obwohl der CO2 Beitrag vernachlässigbar ist. Die Bevölkerung macht mit, weil sie nicht in der Lage ist, die einfachsten Rechnungen anzustellen.

Aufklärung

Es ist kein Geheimnis, dass Deutschlands Beitrag zum globalen CO2-Ausstoß höchstens 2% ausmacht. Umso erstaunlicher ist die verbreitete Akzeptanz der Bürger für die sogenannte Klimapolitik, welche für sie doch ganz erhebliche Einbußen mit sich bringt. Ein Argument ist dann: „Ja, unser Beitrag mag niedrig sein, aber sollen wir deswegen so weitermachen wie bisher? Wenn jeder so dächte!" Aber kaum eine andere Nation denkt so wie „wir". Der Rest der Welt macht weiter wie bisher, oder erhöht sogar den CO2 Ausstoß.

Mancher mag auch glauben, CO2 sei so etwas wie Luftverschmutzung. Da heißt es dann: „Soll denn die Luft in deutschen Städten so werden wie in Peking oder Mumbai, wo man die Hand nicht vor den Augen sehen kann?" Diese Sorge ist unberechtigt, denn so wie in Mumbai war die Luft bei uns noch nie. Luftverschmutzung ist lokal, CO2 Konzentration und Klimawandel sind jedoch global (falls letzterer überhaupt stattfindet, aber das soll hier nicht diskutiert werden.)

Und schließlich kommt die Formel, die alle logischen Argumente entkräftet: „Jeder Beitrag zählt".

Das Unglaubliche grafisch dargestellt

Werfen Sie einen Blick auf die Weltkarte auf der vorigen Seite. Jedes Land ist durch ein Quadrat proportional zu seinem CO2 Ausstoß dargestellt. Suchen Sie Deutschland auf der Karte und stellen Sie sich vor, dieser Fleck würde um 65% verkleinert. Das ist jedenfalls das offizielle deutsche Klimaziel für 2030. Erkennen Sie, wie sich die globale Situation dadurch schlagartig verändert – oder eher nicht?

Und beachten Sie jetzt, dass Brasilien, Russland, Indien, China und Südafrika (BRICS) beschlossen haben, ihre Kohlekraftwerke auszubauen - nehmen wir an, um 20% bis 2030. Vergrößern Sie also im Geiste deren Quadrate entsprechend. Wie kann da jemand auf die Idee kommen, die Reduzierung von Deutschlands Beitrag könne die globale Erwärmung auf 1,5°C begrenzen? („Ob realistisch oder nicht: Das Ziel darf nicht fallengelassen werden").

Fakt ist: In dieser globalen Herde von Elefanten, die ungehemmt immer mehr CO2 ausatmen, ist Deutschland wie eine Maus, die glaubt, sie könnte die Welt retten, indem sie die Luft anhält.

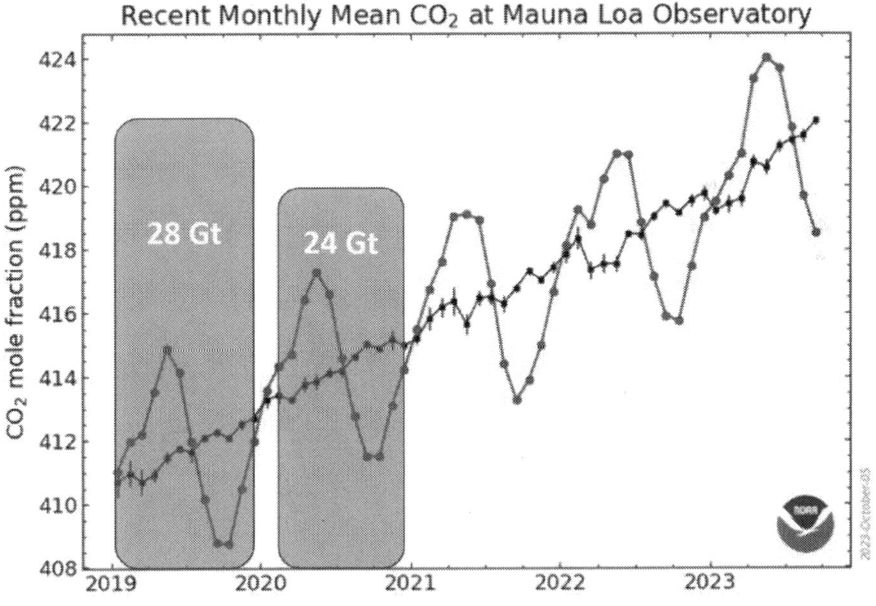

Bild: National Oceanic and Atmospheric Administration

Die Luft angehalten

Die Luft angehalten, oder weniger tief geatmet, hat die ganze Welt während der Einschränkungen des öffentlichen und privaten Lebens durch die Corona-Maßnahmen. Im letzten freien Jahr 2019 wurden weltweit ca. 28 Gigatonnen CO2 emittiert. 2020 sank dieser Wert bedingt durch weniger Verkehr und geringere industrielle Fertigung auf 24Gt, also um 4Gt oder rund 14%.

Das war eine unerwartete, wenn auch sehr teure Gelegenheit, den Einfluss der anthropogenen CO2 Emissionen auf die angeblich so bedrohte Atmosphäre zu beobachten: geringere Emission durch die Menschen, etwa im Jahr 2020, sollten sich in einem geringeren Anstieg von CO2 in der Luft bemerkbar machen.

Auf dem Vulkan Mauna Loa in über 4000m Höhe messen Mitarbeiter der NOAA präzise und unbestechlich die ppm, die „parts per million" CO2 in der Luft (das ist die Wellenlinie, die auf jahreszeitliche Veränderung korrigierten Werte bilden die wackelige Gerade). Vom 1. Januar bis 31. Dezember 2019 stieg dieser Wert von 410,7 auf 412,9. Vom 1. Januar 2020 bis zum 31. Dezember 2020 von 412,9 auf 415,1; beides mal um ca 2,2 ppm also. Hätte die oben erwähnte Verringerung der anthropogenen Emissionen einen Einfluss gehabt, dann wäre der Anstieg im Jahr 2020 nur 1,9 ppm gewesen, und nicht 2,2 - und das würde man in der Grafik deutlich sehen.

Nun macht Deutschlands gesamter jährlicher CO2 Beitrag nur etwa ein Fünftel der erwähnten Corona „Einsparungen" aus. Mit anderen Worten, der Einfluss von Deutschlands CO2 Emission auf das Klima wäre nicht nur relativ gering, er wäre total irrelevant (für den Fall, dass „Klimawandel" überhaupt stattfindet).

Sind wir im Krieg?

Der jetzige Bundesminister für „Wirtschaft und Klimaschutz" zeichnet sich durch perfekte Ignoranz auf technologischem und ökonomischem Gebiet aus. Man sollte die Wirtschaft vor ihm schützen und das Klima sollte man sich selbst überlassen. Aber man erlaubt ihm, seine fixe Idee der „Klimaneutralität" mit wilder Besessenheit zu verfolgen, koste es was es wolle. Den Profiteuren von Wärmepumpen, Wind- und Solarprojekten fließen dabei natürlich gigantische Gewinne zu, Bevölkerung und Umwelt jedoch erleiden verheerenden und irreparablen Schaden. Er erinnert an einen Vorgänger, für den die Selbstverwirklichung in der Abschaffung der verhassten Kernkraft bestand, die das deutsche Volk dann doch etwas mehr als eine Kugel Eis kosten sollte, und auch den ließ man gewähren.

Die Geschichtsbücher sind voller Beispiele von Politikern, die bei der Verfolgung ihrer fixen Ideen dem Land unermesslichen Schaden zufügten. Meist handelte es sich dabei um Kriege. Heute erleben wir, dass so etwas auch in Friedenszeiten möglich ist. Oder wird hier vielleicht ein Krieg gegen die eigene Bevölkerung geführt?

***

Teil 6:

DAS ATOM IST DEIN FREUND

ES GEHT UM RACHE UND NICHT UM CO2

Demnächst wird wohl die Genehmigung für die Zerstörung des letzten deutschen Kernkraftwerks „Isar2" erteilt werden. Damit ist der Verlust existenzieller technologischer Kompetenz für unser Land auf Jahrzehnte besiegelt. Wie konnte es so weit kommen? Es ist das Werk einer politischen Kaste, deren Handeln von Ressentiments bestimmt wird. Die grünen Kinder und Enkel der 68er machen kaputt, was von Männern und Frauen geschaffen wurde, die um einiges tüchtiger waren als sie selbst.

Ein Spiel, bei dem alle gewinnen

Die erfolgreiche Gründung eines Unternehmens aus eigener Kraft ist der Start eines Spiels, bei dem alle gewinnen: Kunden, Banken, Angestellte, Finanzamt und natürlich der Gründer selbst. Die Leistung von Unternehmern, ihre Tatkraft, Disziplin und Intelligenz, wird vom grünen Zeitgeist nicht honoriert, im Gegenteil. Lafontaine drückte das in dem zynischen Satz aus, mit Fleiß und Pflichtgefühl könne man auch ein KZ bauen.

Tüchtige Unternehmer haben einst das Wirtschaftswunder vollbracht. Sie waren nicht nur gute Manager, unter ihnen waren auch erstklassige Ingenieure und Wissenschaftler, die „made in Germany" zu einem Gütesiegel für Autos, Pharmaka, Spülmaschinen und akademische Ausbildung machten. Sie waren die Helden der 50er und 60er Jahre, sie wurden gefeiert und geehrt. Aber nicht von allen.

Der bittere Erfolg der anderen

In jeder Gesellschaft gibt es eine Kohorte, deren Mitglieder nicht in der Lage sind, sich über den Erfolg der anderen zu freuen - auch dann nicht, wenn sie selbst davon profitieren. Dieses Defizit kennzeichnete Söhne und Töchter der gefeierten Gründer, aus denen sich die Generation der 68er formierte. Anfangs waren die lebensfrohen amerikanischen Hippies ihr Vorbild, dann aber schwenkten sie in eine aggressive und psychopathische Richtung um, die in den 70er Jahren mit den RAF-Morden einen dramatischen Höhepunkt und ein vorläufiges Ende fanden.

Nach Scheitern des bewaffneten Kampfes begann der „Marsch durch die Institutionen“. Alle Positionen im öffentlichen Dienst wurden von 68ern übernommen und freie Stellen ausschließlich nach Gesinnung besetzt - unabhängig von fachlicher Eignung. Bald waren die ASTAs (allgemeiner Studentenausschuss) aller Universitäten fest in der Hand von roten Soziologen oder Kunstgeschichtlern, und kein Ingenieur oder Physiker hätte eine Chance gehabt, sich gegen solche Kandidatinnen durchzusetzen.

So gewannen die 68er die Macht in der akademischen Welt, aber nicht nur da. Bald hatten sie überall, wo Politik gemacht wurde, einen überproportionalen Einfluss. Dazu wurden diverse Parteien gegründet und umbenannt. Hier soll das Adjektiv „grün“ für das Kollektiv der beschriebenen politischen Kräfte stehen.

Ein barbarischer Akt

Was ist nun das Ziel dieser Bewegung? Fragen Sie einen Grünen: „Was wollt Ihr erreichen“, so kommen Antworten wie: „Mehr Gerechtigkeit für Frauen“, „Das Klima retten“ oder „Nie wieder Krieg“. Dabei wäre die wahre Antwort ganz einfach: „Unser Ziel ist es, alles zu zerstören, was ein Gefühl von Minderwertigkeit in uns auslöst.“ Die aktuelle Politik ist also letztlich nichts anderes als das Ausleben von Ressentiments einer psychologisch belasteten Minderheit unserer Gesellschaft.

Im März 2001 zerstörten die Taliban zwei Buddha-Statuen in Bamiyan, Afghanistan, zu deren Erschaffung sie niemals in der Lage gewesen wären. Es war ein barbarischer Akt. Im Mai 2020 wurden die Kühltürme des KKW Philippsburg gesprengt, auf Geheiß von Politikern, die Lichtjahre davon entfernt sind, den Wert dieser Technologie zu begreifen. Auch das war ein barbarischer Akt und ein Attentat auf Leistungsfähigkeit und Lebensqualität in Deutschland.

Das wird der Bevölkerung nun langsam klar, und vor Abschalten der letzten drei KKWs, angesichts des kommenden Winters, plädierte eine große Mehrheit für deren Weiterbetrieb. Aber der unerbittliche Grüne Wille zur endgültigen Zerstörung der Kernenergie, und damit der letzten CO2 freien, stabilen Stromquelle in Deutschland, setzte sich durch. Die Rache am Atom ist wichtiger als das Wohl der deutschen Bevölkerung und die „Rettung des Klimas“.

Solche Rache erfordert weder Fleiß noch Pflichtgefühl. Und dem weisen Herrn Lafontaine sei gesagt, dass es durchaus auch Massenmord ohne Fleiß und ohne Pflichtgefühl geben kann, eine zivilisierte Gesellschaft und eine erfolgreiche Wirtschaft aber nicht. Die Motivation für den Bau der von ihm so taktvoll zitierten Konzentrationslager waren nicht Fleiß und Pflichtgefühl, sondern das Ressentiment gegenüber einer Minderheit, der man sich intellektuell unterlegen fühlte.

***

DEUTSCHLANDS NUKLEARE GEISTERFAHRT

Zur Klimakonferenz COP28 in Dubai stellten sich im vergangenen Dezember nicht weniger als 70.000Teilnehmer aus aller Welt ein. Was auch immer deren Anliegen und Beiträge gewesen sein mögen, was auch immer die Kosten der Konferenz waren, es hat sich gelohnt.

Von Dubai nach Brüssel

Die Autoritäten der globalen Klimapolitik stellten damals fest, was eigentlich schon seit den Experimenten von Hahn & Co im Jahre 1938 bekannt war: bei der Spaltung des Atomkerns entsteht kein CO2, Kernenergie ist also total grün.

Diese Einsicht, sowie die Erfahrung, dass Kernenergie, im Gegensatz zu den jahrzehntelang verbreiteten „Fake News“, die sicherste Form der Energieversorgung ist, brachten die Entscheidungsträger von 22 Staaten in Dubai dazu, eine Kooperation zu weiterer Entwicklung und Ausbau dieser Technologie zu vereinbaren. Der Start-Workshop, der *Nuclear Energy Summit*, fand nun am 21.3.2024 in Brüssel statt.

Staats- und Regierungschefs aus 34 Ländern, darunter USA, Frankreich, UK und Japan trafen sich, um die Nutzung der Kernenergie, insbesondere im Zusammenhang mit einer Null CO2 Politik zu diskutieren. Konkret ging es um:

- Projektplanung und - Durchführung,
- Projektfinanzierung,
- Nichtverbreitung und Sicherheit,
- Zusammenarbeit bei Lizenzierung,
- Management abgebrannter Kernbrennstoffe.

Ironie des Schicksals

Wie der Zufall es wollte, wurde genau zum Zeitpunkt der Brüsseler Konferenz in Deutschland die Genehmigung zum Abriss des letzten noch betriebsbereiten Kernkraftwerks „Isar 2“ erteilt. In diesem Fall arbeitete die Bürokratie relativ schnell; vermutlich will man die Zerstörung des Reaktors bis zur nächsten Bundestagswahl so weit wie möglich bringen, damit er im Falle einer eventuellen energiepolitischen Kehrtwende nicht mehr wiederbelebt werden kann.

Während also der Rest der zivilisierten Welt über Ausbau und Standardisierung der Kernenergie spricht, ruiniert eine technophobe, ungebildete grüne Minderheit genau diese kostbare Energiequelle in Deutschland. In der Folge werden weitere hochkarätige Unternehmen das Land verlassen; Waschmaschinen-Miele, Kettensägen-Stihl und Luxusauto-Porsche haben das schon getan.

Der März 2024 wird als schicksalhaftes Datum in die deutsche Geschichte eingehen. Es ist der Zeitpunkt, zu dem sich offenbarte, wie sich das Land der Dichter und Denker, das Land, in dem die Spaltung des Atomkerns entdeckt wurde, aus der Familie der zivilisierten Staaten verabschiedet und auf einen sehr finstern Weg bergab begeben hat.

***

DIE BOMBE FÜR DIE MULLAHS

Seit den jüngsten Raketenangriffen auf Israel drängt sich unvermeidlich die Frage auf, ob der Iran Atomwaffen hat. Leider besteht wenig Grund zu Optimismus. Der Islamische Staat hat vor den Augen der Welt und der Internationalen Atombehörde seine Bombe gebaut.

Des Irans nukleare Vergangenheit

Die nuklearen Anstrengungen des Iran reichen bis in die späten 1980er Jahre zurück, als das Land ein geheimes Programm zur Anreicherung von Uran begann, für das es Ausrüstung und Material aus Pakistan und China importiert hatte. Diese Aktivitäten mündeten zu Beginn der 2000er Jahre in den „Amad-Plan“, der explizit die Entwicklung von Atomwaffen zum Ziel hatte. Schließlich schöpfte die Internationale Atomenergie-Organisation (IAEA) Verdacht und eine Inspektion entdeckte 2007 Bestände an Uran, wie sie in dieser Anreicherung und Menge gemäß Atomwaffensperrvertrag (NPT) nicht zulässig waren.

Der Fund führte zu schmerzhaften, langjährigen Maßnahmen gegen das Land, insbesondere zur Sperrung iranischer Konten im Ausland. Nach zähen Verhandlungen mit den „5+1“, den ständigen Mitgliedern des Sicherheitsrats der Vereinten Nationen plus Deutschland, wurden die Sanktionen im Juli 2015 schließlich wieder aufgehoben. Mit viel Pomp wurde damals der entsprechende Vertrag, der Joint Comprehensive Plan Of Action (JCPOA)“ verabschiedet, den auch der damalige Außenminister Steinmeiner im Namen Deutschlands unterzeichnete. Damit hatte der Iran wieder zugriff auf seine Gelder im Ausland und verpflichtete sich im Gegenzug zur Einstellung der Entwicklung von Atomwaffen.

Der Iran fühlte sich dennoch keineswegs genötigt, seine geheimen Entwicklungsarbeiten zu beenden. Es war Israel, welches diesen Bruch des JCPOA aufdeckte, worauf hin die USA, unter Präsident Trump, ab Mai 2018 erneut Sanktionen verhängte, die im Prinzip noch heute in Kraft sind. Der israelische Geheimdienst war in den Besitz einer Powerpoint Präsentation gekommen, durch die offensichtlich Entscheidungsträger über den Entwicklungsstand von Bomben und Raketen informiert werden sollten.

Milliarden von Jahren

Nach dem Ausstieg der USA aus dem JCPOA wurde das Abkommen vom Iran nicht mehr ernst genommen, obwohl doch von den ursprünglich „5+1" immerhin noch „4+1" mit von der Partie waren. Jedenfalls führte man jetzt die Aktivitäten, die bis dahin im Geheimen stattfanden, ganz ungeniert vor den Augen der Welt durch. Man versteckte sie auch nicht vor den Inspektoren der IAEA. Was waren das für verbotene Aktivitäten im Einzelnen?

Dazu ein paar Worte in Sachen Uran. Es ist auf den ersten Blick ein ganz normales Schwermetall, von Blei kaum zu unterscheiden. Es ist schwach radioaktiv, und hat eine Halbwertszeit in der Größenordnung von Milliarden Jahren, so konnte es seit Beginn der Schöpfung bis heute überleben. Normale, stabile Materie, so wie sie uns umgibt, hat ja unendliche Halbwertszeit, und davon sind die Jahrmilliarden nicht weit entfernt.

Wie die meisten Elemente besteht natürliches Uran aus einer Mischung unterschiedlicher Atome, die „von außen", insbesondere in den chemischen Eigenschaften, nicht zu unterscheiden sind, deren Atomkerne aber verschieden schwer sind. So besteht der Stickstoff, den wir jede Minute literweise ein- und ausatmen, aus zwei verschiedenen „Isotopen", die als N14 und N15 bezeichnet werden, wobei die Zahlen für die Masse der Kerne stehen. Uran besteht aus U235 und U238. Für die gängigen Kernkraftwerke und für Bomben ist nur U235 geeignet, und ausgerechnet dieses Isotop kommt in der Natur nur zu 0,72% vor: unter 140 Atomen ist also nur eines von der gewünschten Sorte. Um einen typischen Reaktor zu betreiben, muss diese Konzentration von 0,72% auf mindestens 4% „angereichert" werden. Für den Bau einer Atombombe müssen es aber 90% sein. Diese „Anreicherung" des natürlichen Urans ist ein extrem aufwändiger Prozess.

Pro Bombe 25 kg

Um ein Land daran zu hindern, seine eigenen Atombomben zu bauen, aber ohne den Zugang zu friedlicher Atomenergie zu versperren, wurde 1957 unter dem Dach der Vereinten Nationen, die schon erwähnte IAEA gegründet. Deren Inspektoren sollen sicherzustellen, dass kein Uran über das Maß von 4% hinaus angereichert wird. Diese Grenze war auch mit dem Iran im JCPOA nochmals festgesetzt worden. 2021 aber verkündete das Land lauthals, man werde jetzt auf 20% anreichern. Im Februar 2024 entdeckten IAEA-Inspektoren dann in unterirdischen Fabriken Vorrichtungen, die für eine noch höhere Anreicherung installiert worden waren. Im August fand die IAEA schließlich 165 kg auf 60% angereicherten Urans. Eine weitere Anreicherung auf 90%, also auf das anderthalbfache, wäre nun nur noch ein kleiner Schritt.

Mit anderen Worten: Aus dem 60%igen Vorrat könnten in kurzer Zeit 100 kg waffenfähiges Uran hergestellt werden! Pro Bombe bräuchte man 25 kg. Und so warnte der DG, der Generaldirektor der IAEA, Rafael Mariano Grossi, dass Teheran über genügend nahezu waffenfähiges Uran verfüge, um „mehrere" Atombomben herzustellen, wenn man das wollte. Und dass die Mullas das wollen, daran besteht wohl kein Zweifel; wozu sonst hätte man sich all die Arbeit gemacht. Und die haben auch nichts dagegen, dass die Welt davon erfährt.

***

THREE MILE ISLAND GEHT WIEDER ANS NETZ

Beginn einer Feindschaft

Three Mile Island ist eine langgestreckte Insel im Susquehanna River nahe der Stadt Harrisburg in Pennsylvania, etwa 150 km westlich von Philadelphia. Man hätte von diesem Ort nie gehört, wäre es dort nicht zur ersten schwerwiegenden Havarie in einem nuklearen Kraftwerk gekommen.

Auf der Insel steht eine Anlage mit zwei Druckwasser Reaktoren zu je 850 MW elektrischer Leistung. Block 2, der im März 1974 ans Netz gegangen war, erlitt fünf Jahre darauf, am 28. März 1979, eine partielle Kernschmelze. Obwohl niemand durch diesen Unfall zu Schaden kam, weder im Kraftwerk selbst noch in der Umgebung, löste das Ereignis in der westlichen Welt eine Welle von Hysterie und atomarer Verteufelung aus. Die von den 68ern gesäte Technologiefeindlichkeit hatte bereits damals breite Teile der Gesellschaft ideologisch infiziert.

Der havarierte Reaktorblock wurde inzwischen weitgehend zurückgebaut, der andere Block aber, Block 1, war noch bis 2019 am Netz, war also insgesamt 45 Jahre in Betrieb. Auch sein Rückbau wurde nun geplant. Es wurden aber noch keine Kühltürme gesprengt oder Rohrleitungen durch Säure zerstört.

Es sollte anders kommen. Vor einigen Tagen verkündete der aktuelle Eigentümer und Betreiber, die Constellation Energy, man wolle 1,6 Milliarden US-Dollar investieren, um den stillgelegten Reaktor wieder in Betrieb zu nehmen. Im Jahr 2028 soll Block 1 die Produktion erneut aufnehmen.

Ein Quantensprung

Nun ist die Welt all die Jahre auch ohne den Strom aus Block 1 ausgekommen - wird Constellation jetzt Abnehmer für sein zusätzliches Angebot an Elektrizität finden? Sind es die Fahrer der Tesla Limousinen in Pennsylvania? Weit gefehlt! Zur Erklärung ist da ein Gleichnis hilfreich.

Der Mensch hat ja, im Vergleich zu anderen Lebewesen, etwa zur Gans, einen relativ großen Kopf. In dem hat ein relativ großes Gehirn Platz, welches dennoch nur etwa 2% des gesamten Körpergewichts ausmacht. Nichtsdestotrotz ist das Gehirn für 20% unseres Energieverbrauchs verantwortlich! Bei der Gans ist das vermutlich weniger.

Denken braucht also Energie (wurzelt hier die Strategie der Grünen zum Energiesparen?) und Intelligenz ist ein energieintensives Geschäft. Und wie ist das bei der künstlichen Intelligenz? Schon der Betrieb der elementarsten neurologischen Funktionen unseres Worldwide Webs braucht gigantische Mengen an Energie. Allein das Download von 1 Gigabyte Daten verbraucht, nach Angaben von 2021 immerhin 1,8 Kilowattstunden. Damit könnte man einen richtigen Kuchen backen. Die Kilowattstunden werden natürlich nicht in unseren Handys oder Modems verbraucht, sondern in den gigantischen Datenzentren und „Hyperscales“, die, über die Welt verstreut, den globalen Transport der Bits und Bytes möglich machen.

Und jetzt kommt dieser „Quantensprung“, der Sprung vom Web zur künstlichen Intelligenz, sozusagen der Sprung von der Gans zum Homo Sapiens. Und dieses künstliche Gehirn hat seine Neuronen über den ganzen Globus verteilt, und es wird einiges mehr and Strom schlucken, als das gute alte Web. Und so hat Microsoft, in weiser, strategischer Voraussicht, einen Vertrag mit Constellation über die Abnahme von 100% der Leistung aus Block 1 über den Zeitraum von 20 Jahren unterzeichnet.

Wenn wir den Leuten von Microsoft und Constellation unterstellen, dass sie nicht nur über künstliche Intelligenz verfügen, sondern auch über strategischen geschäftlichen Weitblick, dann kann man zwei Lehren aus dieser Entwicklung ziehen: man kann stillgelegte AKWs wiederbeleben, und ohne verlässliche Energie gibt es keine Intelligenz.

***

MEHR GELD
FÜR MEHR KERNKRAFT

Am 27. Juni 2024 sprach IAEA-Generaldirektor Rafael Mariano Grossi in Washington mit Mitgliedern des Exekutivrats der Weltbankgruppe. Es bestehe Konsens darüber, dass die Kernenergie ausgebaut werden muss und dass dies Finanzierung erfordert, insbesondere in Bezug auf nukleare Infrastruktur und Sicherungsmaßnahmen. Im Folgenden sind Auszüge aus einer aktuellen Veröffentlichung der Internationalen Atombehörde zu diesem Thema verkürzt und leicht verändert wiedergegeben.

Weltbank und Kernenergie

Um nachhaltige Entwicklung und Wohlstand zu erreichen, braucht die Welt eine Fülle sauberer, zuverlässiger und nachhaltiger Energie. Jetzt, zum ersten Mal in der Geschichte, drängt ein neuer Konsens auf den beschleunigten Einsatz der Kernenergie zusammen mit anderen emissionsarmen Technologien, um eine tiefgreifende und schnelle Dekarbonisierung zu erreichen.

In einem Gespräch mit Mitgliedern des Exekutivrats der Weltbankgruppe (in dem Deutschland hinter USA und Japan das stärkste Stimmrecht hat) in Washington teilte IAEA-Generaldirektor Rafael Mariano Grossi die Perspektive der IAEA zur Kernenergie mit und sagte, die IAEA sei bereit, auf Anfrage technische Unterstützung für multilaterale Entwicklungsbanken bereitzustellen, insbesondere bei der Entwicklung der nuklearen Infrastruktur, einschließlich nuklearer Sicherheit und Schutzmaßnahmen.

„Von Afrika bis Asien brauchen Länder, die Kernenergie in ihren Energiemix aufnehmen wollen, technische und finanzielle Unterstützung. Mit ihrer technischen Expertise begleitet die IAEA sie auf ihrem gesamten Weg in die nukleare Entwicklung und hilft ihnen, die Infrastruktur für ein sicheres und nachhaltiges Atomkraftprogramm aufzubauen. Doch die Finanzierung bleibt eine Hürde. Während der Privatsektor zunehmend zur Finanzierung beitragen muss, können multilaterale Entwicklungsbanken wie die Weltbank eine nachhaltige Entwicklung vorantreiben, indem sie die Bankfähigkeit von Atomprojekten bewerten und Kredite zu erschwinglichen Zinssätzen bereitstellen“, sagte Herr Grossi.

Die Weltbank und andere multilaterale Entwicklungsbanken beteiligen sich derzeit nicht an der Finanzierung von Neubauprojekten für Atomkraft, obwohl einige multilaterale Entwicklungsbanken Kredite für die Modernisierung bestehender Atomreaktoren oder deren Stilllegung bereitgestellt haben. Herr Grossi sagte, dass die Finanzierung der Kernenergie die MdBs besser mit dem „neuen globalen Konsens" in Einklang bringen würde, der letztes Jahr auf der COP28 in Dubai geschmiedet wurde, wo die Welt dazu aufrief, den Einsatz der Kernenergie zusammen mit anderen emissionsfreien Energietechnologien zu beschleunigen, um eine tiefgreifende und schnelle Dekarbonisierung zu erreichen.

Unterstützung für Nukleare Newcomer

Dutzende Länder haben außerdem eine auf der COP28 gemachte Zusage unterzeichnet, auf eine Verdreifachung der weltweiten Kernenergiekapazität hinzuarbeiten, um bis 2050 Netto-Null zu erreichen. Die Zusage forderte auch die Weltbank, regionale Entwicklungsbanken und internationale Finanzinstitute auf, Kernenergie in ihre Kreditvergabe einzubeziehen. Dieser Aufruf wurde von zahlreichen Ländern auf dem ersten Kernenergiegipfel wiederholt, der im März von der IAEA und der belgischen Regierung organisiert wurde.

Rund 30 sogenannte Newcomer-Länder erwägen den Einsatz der Kernenergie oder haben bereits damit begonnen, um ihre Entwicklung zu beschleunigen und die Emissionen zu reduzieren. Sie sehen in der Kernenergie eine Technologie, die das Rückgrat eines modernen Energiesystems mit rund um die Uhr verfügbarem Strom sowie Anwendungen wie industrieller Wärme bilden kann, die für eine saubere Energieversorgung einer modernen Wirtschaft erforderlich ist.

Rund zwei Drittel der Newcomer-Länder in der Kernenergie kommen aus Entwicklungsländern, und laut der Internationalen Energieagentur (IEA) muss die Kernenergie in diesen Ländern erheblich ausgebaut werden, wenn die Welt eine vernünftige Chance haben soll, die Klimaziele des Pariser Abkommens zu erreichen.

Die Finanzierung solcher Projekte bleibt dort jedoch eine große Hürde. Während einige Newcomer wie Bangladesch und Ägypten bereits ihre ersten Kernkraftwerke mit Hilfe staatlich unterstützter Finanzierung bauen, müssen andere Länder möglicherweise andere Finanzierungsoptionen in Betracht ziehen. Mehrere Newcomer interessieren sich für neue Technologien wie kleine modulare Reaktoren. (Ende der Wiedergabe der IAEA Veröffentlichung).

Was passiert mit den Milliarden?

Von den 190 Mitgliedsländern der Weltbank leistet Deutschland mit 4,5% einen gewaltigen Beitrag; die letzte Zahlung belief sich auf 1,9 Milliarden US$, das sind rund 40 Euro pro Steuerzahler. Wird die deutsche Repräsentantin im Vorstand der Weltbank, Frau Svenja Schulze, mit ihrem gewichtigen Stimmrecht nun dafür sorgen, dass davon kein Cent in die Förderung von Kernenergie fließt? Immerhin hat Deutschland ja unter Merkel und Ampel nukleare Anlagen mit einem Wert der Größenordnung von 100 Milliarden vernichten lassen.

***

WAHNHAFTE STÖRUNGEN UND DER RÜCKBAU

George Orwell hatte sich nur mit der Jahreszahl vertan – es war nicht 1984 sondern 2011. Mit den Inhalten seiner Dystopie hatte er aber in jedem Detail recht – leider Gottes. So auch was das „Neusprech“ anbelangt. Eine Wirtschaftskrise heißt heute „Degrowth“, während Sabotage und Abriss funktionstüchtiger Industrieanlagen als „Rückbau“ bezeichnet werden. Tatsächlich aber ist das nuklearer Vandalismus.

Der gute Onkel

Sie haben also von Ihrem Onkel diese riesige Fabrik geerbt, mit der Sie nichts anzufangen wissen, und so entscheiden Sie sich, das Ding abzureißen. Ich helfe Ihnen dabei. Herzstück der Anlage ist ein gigantischer Ofen, in dem noch viele Tonnen Kohle vor sich hin glühen. Die muss unbedingt raus, bevor die Abrissbirne zuschlagen darf. Neben dem Gebäude heben wir also für die Kohle eine tiefe Grube aus, in der die Glut abklingen kann.

Gesagt getan, aber dann zeigt es sich, dass Asche und Ruß, die sich während des Betriebs angesammelt haben, hochgiftig sind. Und das Zeug sitzt nicht nur im Ofen und im Kamin, auch in den Hallen und auf den Maschinen liegt überall ein feiner, giftiger Belag. Alles ist kontaminiert.

Würden wir jetzt abreißen und verschrotten, dann würde sich das Gift in der Umwelt verbreiten. Also ist erst mal groß Reinemachen angesagt. Aber aufgepasst: die benutzten Lappen und Bürsten sind jetzt auch kontaminiert und müssen in einen extra Container mit der Aufschrift „Giftmüll“.

Wattebausch und Castor

Jetzt kann’s aber losgehen, oder? Zu früh gefreut. Woher wissen wir denn, dass die Wände und Maschinen nicht nur sauber sind, sondern wirklich rein? Das muss geprüft werden, und nicht nur mit den Augen. Mit Wattebäuschchen werden alle Oberflächen abgetupft, und im Labor wird geprüft, wieviel Gift da noch an jeder Stelle war. Und nur wenn der Messwert ganz niedrig ist, dann wird das Objekt als sauber deklariert, dann ist es „freigemessen“.Boah, das hat gedauert, und es bringt den Zeitplan ziemlich durcheinander.

Inzwischen hat sich das Zeug in der Grube beruhigt, da glimmt nichts mehr. Diese Kohle, von der ja die giftige Asche stammt, ist selbst giftig wie der Teufel. Zur sicheren Entsorgung lassen wir extra Tonnen anfertigen: 4 Meter hoch und 2,5 Meter Durchmesser, sie hören auf den Namen „Castor“. In die schaufeln wir jetzt, ganz vorsichtig, die Kohle aus der Grube.

Ein Dutzend von den Dingern sind voll geworden und stehen jetzt in der Gegend herum. Aber das geht gar nicht! Es könnte ja sein, dass ein Terrorist kommt und so ein 100 Tonnen schweres Ding stiehlt, oder ein voll beladener Jumbo könnte darauf stürzen und ein Leck schlagen. Das passiert ja alle Tage. Also bauen wir gleich hier am Standort eine Halle, die so stabil ist, dass sie auch einen Meteoriten übersteht, wie er damals die Dinos erschlagen hat. Da lagern wir unsere Castoren, aber nur für zwischendurch. Und so taufen wir das Gebäude „Standortzwischenlager (SZL)“.

Und wohin geht's mit den Castoren nach der Zwischenlagerung? Natürlich ins Endlager – aber das ist eine andere Baustelle. Jetzt endlich können wir das Gebäude abreißen. Grund und Boden werden nochmal sorgfältig freigemessen, wir säen Gras an, und ein paar Wochen später haben wir eine „grüne Wiese“.

Uran statt Kohle

So wie Sie von Ihrem Onkel die Fabrik geerbt haben, so hat das heutige Deutschland von seinen Onkels ein gutes Dutzend Kernkraftwerke geerbt, die viel elektrischen Strom produziert haben. Und so wie Sie mit der Fabrik nichts anfangen konnten, so wusste auch unsere Regierung nicht, was mit den Dingern tun. Aber dann wurde man sich einig: kaputt machen. Und das geht im Prinzip so ähnlich vor sich, wie mit der Fabrik Ihres Onkels.

Der große Ofen im Herzen der Anlage wird allerdings nicht mit Kohle geheizt, sondern mit Uran, das in Röhren („Brennstäben“)

untergebracht ist – dünn wie ein Bleistift und gut 3 m lang. Davon gibt es so viele, dass rund 100 Tonnen Uran zusammenkommen, genauer gesagt ist es LEU (Low Enriched Uranium). Und auch dieser Brennstoff glüht noch eine ganze Weile, auch wenn der Ofen schon aus ist, und zwar so stark, dass die Brennstäbe schmelzen würden, würden sie nicht dauernd gekühlt. Deswegen füllt man die oben erwähnte Grube mit Wasser und gibt dem Uran ein oder zwei Jahre Zeit, um in diesem „Abklingbecken" seine Hitze zu verlieren. Dann geht's in die Castor Behälter. Und was mit denen passiert, das wissen Sie ja schon.

Die bösen Spaltprodukte

Und wie ist das hier mit dem Gift? Nun, der Brennstoff selbst, das Uran ist harmlos. Bei seiner Verbrennung – die Fachleute nennen das „Kernspaltung" – entstehen aber Substanzen, die schlimmer sind als giftig. Diese „Spaltprodukte" geben Strahlung von sich, die, ähnlich den Röntgenstrahlen, in unseren Körper eindringt und Schaden anrichten kann. Wie bei normalem Gift kommt es auch hier auf die Dosis an.Was auf jeden Fall vermieden werden muss ist, mit den strahlenden Substanzen in Berührung zu kommen. Deswegen muss so ein Reaktor mit all seinen Komponenten vor dem Abriss gründlichst de-kontaminiert werden. Das anschließende Freimessen findet dann nicht mit Wattebäuschchen statt, sondern mit Geigerzählern.

Ein Sonderfall ist der 300 MWe Kugelhaufen-Reaktor von Hamm Uetrop, dem man 1997, nach kurzem Betrieb, einen „Sicheren Einschluss" verpasste. Man entfernte den Brennstoff, die restlichen, teils stark kontaminierten Komponenten aber hat man nicht angefasst. Die ganze Sache wurde dann zugebaut, versiegelt und wartet auf bessere Zeiten.

Die notwendige Kompetenz

Wie lange dauert es nun, bis die radioaktive Ruine entfernt ist und an ihrer Stelle eine „grüne Wiese" in der Sonne lacht? Für die Reaktoren in Greifswald, die 1990 mit dem Ende der DDR stillgelegt wurden, ist der Zeithorizont dafür 2028, also insgesamt 38 Jahre. Für die diversen Kraftwerke, die dank Atomausstieg 2011 abgeschaltet wurden, sind 20-25 Jahre vorgesehen. Diese Fristen sind sicherlich sehr optimistisch. Vermutlich ist es überhaupt unmöglich eine fundierte Prognose abzugeben.

Viel Verzögerung entsteht durch die Notwendigkeit von Freigaben für sicherheitsrelevante Arbeiten durch die Landesministerien. Ist dort die notwendige technische Kompetenz vorhanden? Und wie steht es mit der Manpower? Haben die Ministerien ihre Hausaufgaben gemacht und sich für das hohe zu erwartende Arbeitsvolumen vorbereitet und ausreichend qualifiziertes Personal aufgebaut? Unsere Bundesministerin für nukleare Sicherheit hat Agrarwissenschaften studiert. Vielleicht stammt ihre nukleare Kompetenz ja aus ihrer Mitgliedschaft bei den Grünen, denen sie mit 21 Jahren beigetreten ist.

Due grüne Wiese

Derzeit gibt es in Deutschland knapp dreißig stillgelegte Reaktoren im Leistungsbereich von 200 bis 1500 MWe, davon 18 in der oberen Leistungsklasse. In keinem Fall wurde die „Grüne Wiese“ bisher erreicht, in den meisten Fällen ist man davon weit entfernt.

Ein interessanter Aspekt ist nun, dass auch ein stillgelegtes KKW fast so viele Mitarbeiter benötigt wie ein aktives, und das sind 300-400. So fallen also weiterhin immense Personalkosten an, ohne dass produziert wird. Nun haben wir von Herrn Habeck gelernt, dass so etwas nicht zum Konkurs führt; das ist eine gute Nachricht. Die Betreiber der KKWs mussten auf jeden Fall Rückstellungen in zehnstelliger Höhe für die Finanzierung des Abrisses machen. Das ist eine Menge, aber 350 Personen x 20 Jahre plus Honorare für externe Auftragnehmer, da kommt dann doch einiges zusammen. Aber es ist ja nur Geld.

***

WUNDERWAFFE THORIUM

Eine Diskussion über neue Energiequellen ohne den Hinweis auf Thorium wäre wie eine Diskussion über Gesundheit ohne Hinweis auf Karl Lauterbach. So wie der hat Thorium anscheinend nur gute Eigenschaften: Es kommt relativ häufig vor, hinterlässt wenig Radioaktivität und man kann keine Bomben daraus bauen. Und der Nachteil? Thorium ist kein spaltbares Material und kann nicht zur Erzeugung von Energie verwendet werden.

Der richtige Proporz

Zur Erklärung ein kurzer Blick in die Physik. Der winzige Atomkern besteht aus noch winzigeren Legosteinen. Die einen sind rot, genannt Protonen, die anderen grau, genannt Neutronen. Alle Protonen haben positive elektrische Ladung und stoßen sich gegenseitig sehr vehement ab. Die Neutronen dagegen, wirken wie Klebstoff.

Die Zahl der Protonen in einem Atomkern bestimmt, was für einen Stoff man vor sich hat: 6 Protonen beispielsweise ergibt Kohlenstoff. Nur ein Proton mehr, und wir haben ein ganz anderes Element vor uns: Stickstoff. Die Zahl der Neutronen andererseits bestimmt, ob das Ganze zusammenhält.

Varianten mit gleich viel roten, aber verschieden vielen grauen Legosteinen heißen Isotope. In leichten Kernen, wie etwa Kohlen- oder Sauerstoff, sind graue und rote Legosteine ungefähr gleich häufig; bei schwereren Kernen wie Blei oder Uran überwiegen dann die grauen. Auf den Proporz von Grau und Rot kommt es an, damit der Kern stabil ist.

Radioaktivität

Bei Überschuss von grauen Legos kommt es zu einer spontanen Umwandlung im Atomkern: Das Neutron fühlt sich irgendwie unwohl mit seiner Identität, es trennt sich von einem Körperteil, einem Elektron, und wird zum Proton. Jetzt haben wir ein graues Lego weniger und einen roten mehr im Kern, und das bedeutet, dass wir ein anderes Element erzeugt haben. Bei dieser Umwandlung wird übrigens meist noch ein Gammastrahl in die Gegend geschleudert, man spricht deshalb auch von Radioaktivität.

Gewisse instabile Isotope wurden versehentlich bei der Schöpfung des Universums erzeugt und sind heute noch damit beschäftigt, zu zerfallen. So etwa die Atomkerne von „Kalium 40“, mit 19 roten und 21 grauen Legosteinen (19 + 21 = 40). Vor Äonen geschaffen, sind sie heute noch vorhanden und finden sich mit ihrer Radioaktivität in kaliumhaltigen Lebensmitteln. So etwas würde Sie nie essen? Viele Grüße von der Banane, die Sie heute zum Frühstück verzehrt, haben - die war radioaktiv.

Zur Sache Kernenergie

Was würde passieren, wenn Sie mit einem Legostein nach einem Atomkern werfen? Mit einem roten würden Sie nicht weit kommen, weil der die elektrische Abstoßung durch die anderen, im Kern residierenden Protonen nicht überwinden könnte. Und ein graues Lego? Der hätte eine Chance! Er wird im Kern sogar willkommen geheißen. Aber dann stellt sich vielleicht heraus, dass es schon genug von diesen grauen Legos gibt, und man überredet ihn, sich in einen roten zu verwandeln.

In Kernreaktoren, die mit ein paar Prozent Uran 235 und ansonsten mit Uran 238 bestückt sind, fliegen Neutronen scharenweise herum. Die Kerne von Uran 238 fangen sich so ein Neutron gerne ein, und ups! Jetzt ist ein Uran 239 Kern entstanden, mit 92 roten und 147 grauen Legos. Der hat aber zu viele graue Legos an Bord und wandelt sich schrittweise in ein Element mit 94 Protonen um, genannt Plutonium, genauer gesagt Plutonium 239. Das ist der Stoff, aus dem Atombomben gebaut werden, und genau dafür wurden auch einstmals Reaktoren gebaut.

So weit, so gut

Wir aber wollen ja Energie erzeugen. Die bekommen wir, weil es ein paar ganz spezielle Kerne gibt, die ein einfallendes Neutron nicht bei sich aufnehmen, sondern die den Besuch zum Anlass nehmen, um sich total zu spalten, in zwei leichtere Kerne! Dabei bleiben ein paar Neutronen übrig, weil leichtere Kerne ja prozentual weniger Neutronen beherbergen. Und diese freien Neutronen verursachen nun weitere Spaltungen – Voilà, wir haben eine Kettenreaktion. Dabei entsteht jede Menge an Energie, die in Wärme, Dampf und Strom umgewandelt wird.

Im typischen Atomreaktor laufen also zwei parallele Prozesse ab: Einfang und Spaltung. Manche Kerne fangen Neutronen ein und verwandeln sich in andere Elemente, andere Kerne spalten sich und erzeugen sehr viel Energie. Vom ersteren Typ ist Uran 238, vom letzteren ist Uran 235. Spaltung ist erwünscht, weil sie Energie liefert. Einfang ist unerwünscht, weil dabei sehr langlebige radioaktive Stoffe entstehen, für die man dann ein sicheres Endlager suchen muss.

Thorium

Was wir bis jetzt beschrieben haben, geschieht in herkömmlichen Kernreaktoren, so wie sie in Deutschland abgeschaltet und im Rest der Welt gebaut werden. Doch nun ist plötzlich die Rede von Thorium, benannt nach dem mächtigen, aber nicht unumstrittenen Gott Thor aus der nordischen Sagenwelt.

Diese Substanz, genauer gesagt Thorium 232, hat einen Atomkern aus 90 roten Legosteinen und 142 grauen (90+ 142 = 232). Was würde passieren, wenn wir unsere Reaktoren mit Thorium füllen würden? Nichts – tote Hose. Thorium 232 ist kein spaltbares Material. Könnten wir aber in einen Uranreaktor etwas Thorium einschmuggeln, dann würde es interessant, denn das Thorium 232 fängt jetzt Neutronen ein wie Schwalben die Mücken am Sommerabend.

Und was dann passiert, das ahnen Sie schon: das entstandene Th233 hat einen grauen Legostein zu viel, und der wird jetzt rot. Wir bekommen also einen Kern mit 91 roten und 142 grauen Legos, genannt Pa-233. Den Namen brauchen Sie sich nicht zu merken, denn auch der hat ein Neutron zu viel, und verwandelt sich weiter in einen

Kern mit 92 roten und 141 grauen Legos. Die 92 kommt uns aber bekannt vor, denn es handelt sich um Uran, und jetzt um das Isotop Uran 233 (92 + 141 = 233).

Ein Ofen, der seinen eigenen Brennstoff erzeugt

Das in den Uran-betriebenen Reaktor eingeschmuggelte Thorium wird also selbst zu Uran! Genauer gesagt verwandeln die beim Betrieb des Reaktors entstehenden Neutronen letztlich das Thorium 232 in das Isotop Uran 233. Und dieses Uran 233 ist nun ein interessanter Kern, denn der lässt sich seinerseits durch Neutronen spalten und erzeugt die gewünschte Energie!

Wenn wir das Ganze geschickt aufbauen und Geduld haben, dann kommt vielleicht der Moment, in dem wir das ursprünglich zum Betrieb des Reaktors notwendige Uran 235 gar nicht mehr benötigen. Bei der Spaltung von Uran 233 entstehen dann genug Neutronen, um einerseits die Kettenreaktion anzutreiben und andererseits auch noch Thorium in Uran 233 zu verwandeln. Ist das nicht wunderbar? Ein Ofen, der seinen eigenen Brennstoff erzeugt.

Man kann die Idee noch weiterspinnen und einen Reaktor designen, der mehr Uran 233 aus Thorium erzeugt, als er verbraucht, er „brütet“ gewissermaßen neuen Brennstoff.

Worauf warten wir noch?

Fangen Sie jetzt aber bitte nicht an, in Ihrem Garten neben der Fotovoltaik und der Wärmepumpe einen kleinen Thorium Reaktor zu bauen. Es könnte sein, dass Ihr Projekt ebenso wenig Erfolg hätte, wie viele andere. Auch wenn die Theorie absolut logisch ist, so müssen bei ihrer Verwirklichung doch noch extrem anspruchsvolle technische Aufgaben gelöst werden.

Thorium ist also keineswegs eine neue Idee. Vielleicht haben Sie schon einmal vom deutschen Reaktor THTR-300 in Hamm-Uentrop gehört, dem nur ein kurzes und tragisches Leben beschieden war. Das war bereits vor 50 Jahren.

China hat sich jetzt des Themas angenommen und hat kürzlich in der Wüste Gobi einen 2 Megawatt Thorium Liquid-Fuelled Molten Salt Reactor (MSR) in Betrieb genommen. Man hat abgeschätzt, dass die Thorium Reserven Chinas reichen würden, um das Land für die kommenden 20.000 Jahre mit Energie zu versorgen. Für die Zeit danach muss sich die Regierung dann noch etwas einfallen lassen.

***

DER GUTE WOLF VON TSCHERNOBYL

Im Sperrgebiet um den Reaktor von Tschernobyl entstand in den vergangenen 38 Jahren ein Biotop, auf das der Mensch nicht eingewirkt hat, wohl aber die Radioaktivität. Was hat sich in dieser Umgebung nun entwickelt? Auf den ersten Blick ist da nichts Auffälliges, eine genauere Untersuchung aber entdeckte in Tieren bestimmte Gene, die sie widerstandsfähig gegen Krebs machen. Kann man daraus etwas lernen, um die Menschheit von dieser Geißel zu befreien? Da ist sicherlich noch viel Forschung nötig, und durch den Ukraine Krieg wird der Zugang zu dem wichtigen Territorium immer schwieriger.

Nukleare Tatsachen

Der Brennstoff für Kernkraftwerke ist Uran, typischerweise 50 bis 100 Tonnen pro Reaktor. Das ist eine harmlose Substanz. Man könnte sich problemlos neben solch eine Ladung stellen, bevor sie in den Reaktor gehievt wird. Nicht aber nach ein oder zwei Jahren Betrieb, da würde man die radioaktive Strahlung nicht überleben, denn die „Asche“ die beim „Verbrennen“ des Urans entsteht, gibt eine tödliche „Strahlung“ von sich. Die besteht aus sehr schnellen kleinsten Teilchen, etwa Elektronen, und aus „Licht“. Dieses Licht aber hat eine millionenfach höhere Energie als unser Sonnenschein, es ist die Gammastrahlung. Sie verbrennt die Haut und dringt in unseren Körper, um im Inneren Zerstörung anzurichten. Würde sich jemand in die Nähe einer Ladung abgebrannten Urans begeben, dann würde genau das passieren.

So etwas geschah tragischerweise 1986 nach der Explosion des Reaktors in Tschernobyl, als der Kernbrennstoff aus dem Reaktorkessel ausbrach, und Rettungskräfte einer solch hohen Dosis an Strahlung ausgesetzt wurden, dass sie innerhalb eines Monats verstarben. Durch den Einsatz ihres Lebens haben diese Helden vermutlich viele andere vor demselben Schicksal bewahrt.

Die Menge an Strahlung, die „Dosis“, wird in der Einheit „mSv“ gemessen. Man schätzt, dass die erwähnten Strahlenopfer bei ihrem Einsatz einer Dosis von 6000 mSv ausgesetzt waren. Eine Dosis von 1000 mSv führt zur „Strahlenkrankheit“ mit Übelkeit, Erbrechen und Verlust an weißen Blutkörperchen, ist aber nicht tödlich. Die

Dosis, welcher die Bevölkerung vor ihrer Evakuierung ausgesetzt war, lag unter 100 mSv.

Personen, in deren Beruf radioaktive Strahlung unvermeidlich ist, dürfen über 5 Jahre maximal 100 mSv ansammeln. Und es gibt auch natürliche Radioaktivität, die aus der Erde kommt, und die geographisch sehr unterschiedlich verteilt ist. Uns werden im Durchschnitt jährlich 2 bis 3 mSv verabreicht, aber es gibt Gegenden mit 50-100 mSv pro Jahr, und auch dort leben Menschen, etwa in Guarapari in Brasilien.

Das unkontrollierbare Handy

Kaum jemand von uns wird jemals den erwähnten hohen Strahlungsdosen ausgesetzt sein - woher also die weit verbreitete Angst vor dem Atom? Sie kommt daher, dass radioaktive Strahlung nicht nur Gewebe unseres Körpers zerstört, so wie ein Stich mit dem Messer, sondern dass schon durch geringere Dosen genetische Information verändert werden kann, ohne dass die Zelle dabei zerstört wird. Durch solche Mutation könnten Zellen entstehen, die Krebs auslösen. Die Wahrscheinlichkeit dafür ist extrem gering, aber wenn genügend Mutationen stattfinden, dann ist vielleicht eine mit diesem fatalen Ergebnis dabei.

Stellen Sie sich vor ihr Handy wäre eine Körperzelle. Es fällt ins Wasser, dann ist das wahrscheinlichste, dass es nachher kaputt ist. So geht es dem Zellkern, der vom Gammastrahl getroffen wird. Würden Sie das Experiment tausendmal machen, dann gäbe es vielleicht ein paar Handys, die noch funktionieren – bis auf die eine Taste oder ein Feld im Display. Und machen Sie es eine Million Mal, dann ist vielleicht eines dabei, das noch funktioniert, nur dass es laufend unerwünschte Telefonate macht und andere Handys dabei ansteckt. Das wäre dann die Krebszelle.

Man schätzt, dass bei einer Dosis von weniger als 100 mSv pro Jahr das Risiko von Krebs gegenüber der natürlichen Wahrscheinlichkeit nicht signifikant erhöht wird. Aber wer würde einer Dosis von 100 mSv oder mehr überhaupt ausgesetzt werden?

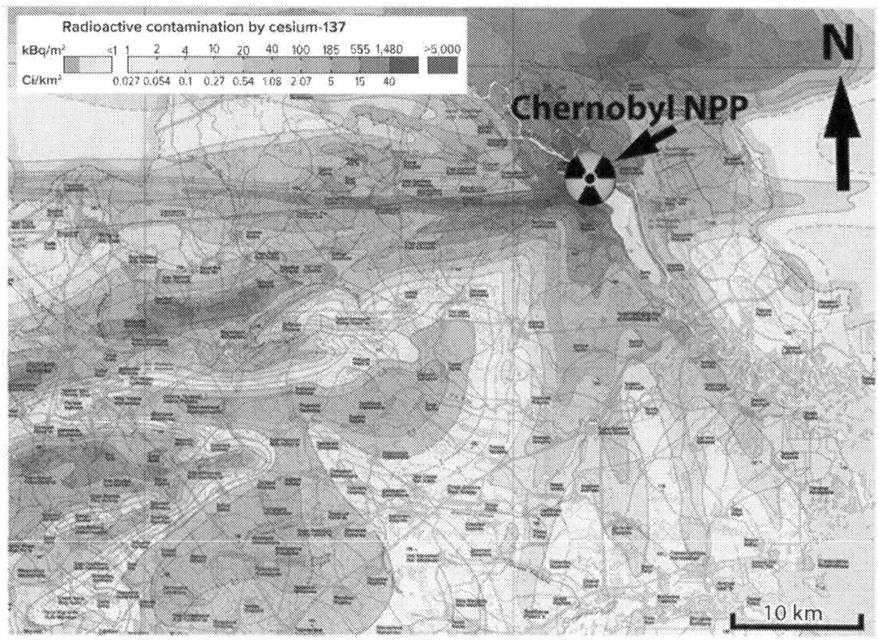

Bild: Shestopalov / Knowable Magazine

Ein Garten Eden am Pripyat - Fluss

Bei der Explosion und dem anschließenden gigantischen Feuer von Tschernobyl waren Teile des Reaktors, und insbesondere auch Brennstoff und Asche, in die Umgebung geschleudert und ungleichmäßig verteilt worden (siehe Abbildung oben: Kontamination mit Cs137 im Jahr 1996). Im Laufe der Jahre und mit Wind und Wetter erodierten diese Substanzen, lösten sich in Wasser und sanken in den Boden. Man etablierte eine 3000 Quadratkilometer Sperrzone um den havarierten Reaktor, um Menschen vor Kontakt mit dieser Radioaktivität zu schützen. Nicht abhalten kann man allerdings Lebewesen mit Schwingen, Flossen und vier Beinen. Und so hat sich hier auf dem Gebiet von der Ausdehnung des Saarlandes seit 1986 ein kleines Paradies entwickelt – ein radioaktives Paradies. Hier gibt es Riesen wie das Bison, es gibt Biber, die in den Zuflüssen des Pripyat ihre Dämme bauen, und es gibt den Wolf. Der hat es in den letzten Tagen zu einer für ihn ungewohnten Popularität gebracht, weil er angeblich das Patentrezept gegen den Krebs gefunden hat.

Der harte Kampf ums überleben

Was war passiert? Da Landlebewesen ihre Nahrung, direkt oder indirekt, aus der Erde beziehen, nehmen sie auf diesem Wege radioaktive Stoffe auf. Dabei unterscheidet der Körper nicht zwischen radioaktiven und natürlichen Varianten einer chemischen Substanz, er holt sich aus dem Futter das, was fürs Überleben wichtig ist, und scheidet das Übrige mehr oder weniger schnell wieder aus. Wichtig fürs Überleben sind Nährstoffe und exotische Substanzen, etwa das chemische Element Jod, das benötigt wird, um gewisse Hormone zu erzeugen. Das passiert in der Schilddrüse, die diesen Stoff, der in Fisch, Krabben oder Zwetschgen vorkommt, besonders gierig aufnimmt. Er wird aber auch als Spaltprodukt beim Betrieb eines Kernreaktors produziert. Dieser radioaktiven Variante von Jod, dem Isotop I 131, war die Bevölkerung Tschernobyls vor ihrer Evakuierung für einige Tage ausgesetzt. Man nimmt an, dass dies bei den jüngeren Menschen zu einer erhöhten Inzidenz von Schilddrüsenkrebs geführt hat.

Jod 131 hat eine Halbwertszeit von 8 Tagen, d.h. nach einem Monat ist die Radioaktivität auf ein Sechzehntel gesunken und nach einem Jahr ist sie nicht mehr vorhanden. Es gibt aber auch Spaltprodukte mit längeren Halbwertszeiten, die vom Körper absorbiert werden, etwa Cäsium 137, mit 30 Jahren Halbwertszeit, welches über Pilze in die Nahrungskette kommt. Strontium 90 wiederum hat eine Halbwertszeit von 28 Jahren und setzt sich in den Knochen fest. Deren Strahlungsdosen sind zwar viel zu niedrig für eine „Strahlenkrankheit“, aber hoch genug, um mit gewisser Wahrscheinlichkeit Mutationen auszulösen. Diese sind besonders folgenreich, wenn sie im embryonalen Stadium auftreten, und so haben Forscher im Sperrgebiet bei neugeborenen Nagetieren eine überdurchschnittlich hohe Rate an Missbildungen festgestellt.

Solche kleinen Wesen haben im harten Überlebenskampf der Wildnis keine Chance, so wie auch die Mehrzahl der Gesunden eines Wurfs nicht heranwächst, um Nachkommen zu zeugen. Nur wer sich bei der Suche nach Nahrung am besten durchsetzt, wer dem Feind am schnellsten entkommen kann, wer die beste Höhle für den kalten

Winter erobert, der wird seine Gene an die nächste Generation weitergeben. Das ist immer so, aber hier in der Sperrzone von Tschernobyl kommt zu diesen überlebenswichtigen Eigenschaften eine weitere hinzu: Resilienz gegen die Wirkung radioaktiver Strahlung.

Der gute Wolf

Was hat sich die Natur zu dieser Bedrohung einfallen lassen? Welchen Trumpf hatte sie für diese komplett neuartige Herausforderung beim „Survival of the fittest" im Ärmel? Forscher schauten sich an der Spitze der Nahrungspyramide um: Sie fingen Wölfe, anästhesierten sie und entnahmen Genproben. In diesen entdeckten sie Gene, die das Tier widerstandsfähiger gegen die Auswirkungen von Krebs machten, auch wenn sie die Entstehung der Krankheit als solcher nicht verhindern. Das war natürlich ein wesentlicher Vorteil beim täglichen Überlebenskampf und bei der Fortpflanzung.

Wölfe werden mit 2-3 Jahren erwachsen. Seit 1986 sind also rund 15 Wolfsgenerationen verstrichen, während derer sich ein solch positiver Erbfaktor in der Population vermutlich durchgesetzt hätte. Dazu müsste man natürlich wissen, welche Wölfe schon zum Zeitpunkt des Desasters dort lebten und welche erst später zuwanderten. Auch wäre es interessant zu erforschen, ob manche Wölfe „von Haus aus" mit diesem Gen gesegnet sind, dass dieses aber erst in dem strahlenbelasteten Habitat von Tschernobyl existentielle Bedeutung erlangte.

Man muss dem Wolf noch viele Geheimnisse entlocken, nicht nur aus akademischer Neugier, sondern auch im Interesse der Krebstherapie beim Menschen. Aber der Zugang zu ihrem Revier im Sperrgebiet, keine 100 km von Kiew entfernt, ist durch den Ukraine-Konflikt nicht einfacher geworden. Auf keinen Fall aber sollten Sie jetzt auf die Idee kommen, dass ein Aufenthalt im Sperrgebiet gegen Krebs schützen würde. Nicht das Individuum wird immunisiert, sondern die Population, und das erst nach Generationen.

Schauen wir mal.

Es könnte sein, dass die Katastrophe von Tschernobyl nach langem Warten die Menschheit mit einem überraschenden und segensreichen Fund entschädigt. Das wäre schön, und Shakespeare hätte wieder einmal Recht gehabt:

Süß sind die Früchte des Unheils,
das gleich der Kröte hässlich ist und voller Gift,
und doch ein kostbares Juwel im Haupte trägt.

***

Teil 7:

DIE FREUDEN DER LUFTFAHRT

SCHEUKLAPPEN UND LANDEKLAPPEN

Um es vorwegzunehmen, hier soll keineswegs die feministische Sinnhaftigkeit der Reisetätigkeit einer Außenministerin in Frage gestellt werden, denn sie fliegt ja nur zum Wohle des deutschen Volkes um die Welt. Dafür müssen Umwelt und Steuerzahler die eine oder andere Kröte schlucken. So etwa auf einem Flug Richtung Australien. Da wurden größere Mengen Treibstoffs in die Luft abgelassen. Musste das denn sein?

Wie geht Fliegen?

Wenn die Strömung der Luft um ein Flugzeug herum genügend Auftrieb erzeugt, um sein Gewicht zu tragen, dann fliegen wir. Dieser Auftrieb hängt hauptsächlich von Größe und Gestalt der Tragflächen ab, und er nimmt mit dem Quadrat der Geschwindigkeit zu. Dreifache Geschwindigkeit heißt also neunfacher Auftrieb – ceteris paribus. Im Reiseflug soll ein Flieger schnell sein, etwa 870 km/h; am Boden, bei Start und Landung aber möglichst langsam - sagen wir ein Drittel davon, also 290 km/h. Der Auftrieb wäre bei dieser Geschwindigkeit aber nur noch 1/9 = 11% des Auftriebs im Reiseflug - und beides mal soll der ganze Flieger in der Luft bleiben? Wie soll das gehen?

Das funktioniert nur deshalb, weil die Luft am Boden etwa viermal so dicht ist wie oben, weil der Pilot die Nase des Fliegers bei Start und Landung nach oben nimmt, und weil Auftriebshilfen, vulgo „Landeklappen“, ausgefahren werden, die für zusätzlichen Auftrieb sorgen - aber auch für mehr Luftwiderstand.

Landeklappen auch zum Start

Besagte Auftriebshilfen sind auch beim Start nötig, denn auch da ist das Flugzeug noch langsam. Wenn es aber auf Strecke geht, dann sind die Dinger hinderlich, weil sie enorm bremsen. Deswegen fährt sie der Pilot nach dem Abheben schrittweise wieder ein, was für den Passagier durch ein gesundes Surren bemerkbar wird, und im Cockpit durch eine Anzeige.

Falls das Surren ausbleibt, dann haben wir Pech gehabt - keine Chance den Flug fortzusetzen, man würde das Ziel niemals erreichen, weil die Klappen zu sehr bremsen. Man kehrt also zum Ausgangsort zurück, in diesem Fall nach Abu Dhabi. Da aber – aus diversen Gründen – das maximal zulässige Landegewicht deutlich unter dem Abfluggewicht liegt, ist die für Langstrecke nach Australien vollgetankte Maschine jetzt zu schwer. Um das zu korrigieren, wirft man nicht etwa Passagiere oder Gepäck ab, sondern Treibstoff.

Im Fall von Annalenas Flug waren das, nach Presseberichten, 80 Tonnen. Und das sogar zwei Mal, denn die Reparatur nach dem ersten abgebrochenen Abflug war erfolglos! Zweimal hintereinander dasselbe Spektakel, das so manchem Airliner in seiner ganzen Karriere kein einziges Mal passiert.

Teurer Regen

Da wurden dann also aus ca. 2000 m Höhe 2 x 80 Tonnen Kerosin abgeworfen, die in der Luft evaporierten, also nicht als Regen unten ankamen, die aber letztlich ihren Weg finden werden, um sich in CO2 und H2O zu verwandeln.

Der Preis pro Tonne für die Airline – in diesem Fall die Bundeswehr – beträgt ca. \$600. In diesem Fall wurden also gerade mal

$$2 \text{ x } 80 \text{ t x } 600 \text{ \$/t} \approx \$100.000 \approx €100.000$$

in die Luft gepustet. Dafür muss dann ein braver Arbeiter zehn Jahre lang seine Steuern abdrücken. So geht Gerechtigkeit. Das ist feministische Außenpolitik

Und noch etwas: Besagte 160 t Kerosin sind umgerechnet etwa 200.000 Liter. Ein sparsamer Dieselfahrer käme damit 3 Millionen Kilometer weit, und 200 sparsame Dieselfahrer könnten damit ihren Jahresbedarf decken, bzw. sie müssten vom Auto aufs Lastenfahrrad umsteigen, um Annalenas Flugpannen klimamäßig zu kompensieren. Das ist nicht schön. Aber man hat uns ja freundlicherweise Scheuklappen verpasst, damit wir all das Leid nicht sehen müssen.

***

DAS DESASTER UND DAS WUNDER VON TOKIO

Je seltener Desaster werden, desto mehr Aufsehen erregen sie. Die Luftfahrt ist mit täglich 100.000 unfallfreien Flugbewegungen extrem sicher geworden, und so ist die Kollision zweier Maschinen auf dem Flughafen von Tokyo ein Ereignis, das uns alle berührt. Es deutet vieles darauf hin, dass hier „menschliches Versagen" im Spiel war, vielleicht ähnlich wie bei einem Zwischenfall, der sich 2020 im Himmel über Paris abgespielt hat. Es war aber auch übermenschliche Hingabe im Spiel, der das Überleben aller Passagiere des Airbus zu verdanken ist.

---

250 Tonnen mit 250 km/h

Wir sprechen im Deutschen von Start- und Landebahn; das suggeriert, es würde sich hier um zwei verschiedene Dinge handeln. Tatsächlich aber ist es meist dasselbe Stück Asphalt, auf dem die Flugzeuge starten und landen, im Englischen „Runway" genannt. Eine Maschine, die starten möchte, muss warten, bis eine ankommende gelandet ist. Die hat sich typischerweise in 10 oder 20 Kilometer Entfernung auf einer gerade Linie in Ausrichtung der Bahn, auf der sie landen will, und mit etwa 3° Gefälle eingefädelt. Wenn dann so ein Ding mit 250 km/h und ebenso vielen Tonnen hereinrauscht, dann kann es nicht ausweichen, da muss die Bahn frei sein.

Eine Maschine, die abfliegen will, wartet querab von der Bahn, weit genug entfernt, um das ankommende Flugzeug nicht zu stören. Sie darf erst starten, wenn die Bahn wieder frei ist, darf sich aber schon vorher in Startposition bringen, um ein paar Handgriffe im Cockpit zu erledigen, die unmittelbar vor dem Start fällig sind. Dadurch spart man Zeit.

Das Rollen von der Warteposition auf die aktive Bahn ist ein kritischer Akt und muss natürlich vom Lotsen im Tower freigegeben werden. Und wiederum, zur Zeitersparnis, wartet der Tower nicht, bis die ankommende Maschine die Räder aufgesetzt hat, um seine Erlaubnis zu geben, sondern es ist gängige Praxis, dass dem Wartenden gesagt wird, dass er nach der gelandeten Maschine auf die Bahn rollen darf. Im Pilotenjargon heißt das dann: „xyAIR after landing Airbus line up and wait runway 34 right" Dabei ist xyAIR das

„Callsign“ der wartenden Maschine und „runway 34 right“ ist die Identifikation der Bahn, um die es geht. In Haneda gibt einige Runways, in dem Fall war es die Bahn mit Richtung 340°, und zwar die Rechte von zwei parallelen.

Disziplin in Wort und Tat

Diese Abstimmungen sind offensichtlich eine Sache auf Leben und Tod. Es darf nicht vorkommen, dass der wartende Pilot etwa den ersten Teil der Freigabe verpasst und nur zu hören bekommt: „…line up and wait runway 34 right.“ Daher muss der Pilot eine Freigabe wörtlich wiederholen und an den Tower zurückfunken; er hätte also jetzt die Fehlinformation wiederholt „line up and wait runway 34 right, xyAIR“ und der Tower hätte sofort korrigiert „Negative xyAir hold position“, denn der Pilot hatte das wichtigste nicht mitbekommen: „After landing Airbus…“

Das hört sich vielleicht etwas improvisiert an für eine so wichtige Entscheidung. Ja, es gibt an Flugplätzen auch „Ampeln“, welche die Runway absichern, aber auch die müssen von Menschen geschaltet und beachtet werden. Ohne 100% disziplinierte Kommunikation und Aktion ist der Flugverkehr nicht machbar. An dieser Stelle soll betont werden, dass die Organisation und Navigation im Flugverkehr, die über Ländergrenzen hinweg nahtlos funktioniert, eine der eindrucksvollsten und genialsten Schöpfungen der Zivilisation des 20. Jahrhunderts ist – entstanden in internationaler Kooperation von Ingenieure und Piloten, zu einer Zeit, als Kompetenz und berufliches Ethos noch eine Rolle spielten.

Auch in Startposition auf der Bahn darf der wartende Pilot jetzt nicht die Gashebel nach vorne schieben, weil er glaubt die Bahn sei frei. Er könnte sich ja täuschen, etwa bei Nacht oder schlechter Sicht. Er muss auf die Freigabe „ xyAIR cleared for takeoff runway 34 right” warten und diese wörtlich wiederholen, bevor er startet. Am 27 Mai 1977 hatte ein ungeduldiger Pilot in Teneriffa nicht auf diese Freigabe gewartet und damit das bislang schwerste Desaster im Luftverkehr verursacht.

Wie in Paris?

Was nun genau am Flughafen Haneda in Tokio passiert ist, das wird eine längere Untersuchung klären müssen. Es spricht vieles dafür, dass eine De Havilland DHL-8, eine Turboprop-Maschine mit Gütern für Erdbeben-Opfer, auf die Bahn 34R gerollt ist und ihren Startlauf begonnen hatte. Der viel schnellere Airbus 350 / JAL Flight 516 ist dann auf genau dieser Bahn in die DHL-8 „hineingelandet".

Es gibt Aufzeichnungen des Funkverkehrs mit der Freigabe „Continue approach" an den JAL 512 Airbus. Das wäre aber keine Landefreigabe und keine Garantie, dass die Bahn frei ist; die gibt es erst durch ein „Cleared to land". Der Pilot der DHL-8, einziger Überlebender von sechs Personen an Bord seines Flugzeugs, versichert, er hätte Freigabe für die Runway und Starterlaubnis bekommen. Hatte der Tower vielleicht die Absicht gehabt, die beiden Maschinen auf die beiden parallelen Runways 34Right und 34Left zu verteilen, wo sie sich nicht ins Gehege gekommen wären? Und dann versehentlich denselben Runway zugewiesen, also beide nach 34R geschickt?

Es wäre nicht das erste Mal. Am 20. Juli 2020 wurde am Airport Charles de Gaulle in Paris eine Runway Kollision diesen Typs gerade noch verhindert. Damals hatte der Tower genau diesen Fehler gemacht und zwei Flügen versehentlich die gleiche Bahn 09R gegeben, obwohl die Absicht war, sie auf 09R und 09L zu verteilen.

So tragisch der Verlust von fünf Menschenleben in dem kleineren Flugzeug ist, so erfreulich ist es, dass alle Personen aus dem Airbus gerettet wurden. Da zeigt sich, dass das „Kabinenpersonal" mehr draufhat als freundlich lächeln und Mineralwasser verteilen. Die haben 379 Personen in 90 Sekunden aus dem brennenden Wrack evakuiert. Chapeau!

***

PILOTENFEHLER BEI BOEING

Boeing läutete vor zwei Generationen mit der 707 das Jet-Zeitalter ein, und die weite Welt wurde zur „Global Village". Der Name der Firma stand für technischen Fortschritt und Sicherheit, bis vor einigen Jahren durch eine Reihe von Zwischenfällen das Image geschädigt wurde. Durch den Tod von zwei „Whistleblowern", die vor Gericht gegen ihren früheren Arbeitgeber aussagen sollten, kam nun noch ein krimineller Verdacht ins Spiel. Wie kam es zum dramatischen Verfall dieses grandiosen Unternehmens?

Keine Lorbeeren

Boeing hatte nach und nach seine US-Konkurrenten aufgekauft, und schließlich blieb nur noch Airbus als Widersacher. Die beiden liefern sich seither ein gnadenloses Rennen, welches primär durch den Fortschritt hinsichtlich Wirtschaftlichkeit entschieden wird. Dabei finden die Optimierungen eigentlich weniger beim Flugzeugbau als bei Triebwerken und der Automatisierung. Eventuelle Lorbeeren gehen also an Firmen wie Pratt & Whitney bzw. General Electric für die Motoren, und an Honeywell für die Avionik.

Boeing selbst hatte nur wenige Lorbeeren verdient, insbesondere hatte man nicht einmal seine wichtigsten Hausaufgaben gemacht. 2015 kam Airbus mit der „320 neo" auf den Markt, die mit ihren neuen Turbofan Triebwerken konkurrenzlos sparsamer war als die Boeing 737. Man brauchte nun dringend auch so etwas, aber die neuen Turbofans waren zu groß und passten nicht unter die bodennahen Tragflächen der 737. Boeings Top Management, das diese Innovation verschlafen hatte, gab das Problem an die Ingenieure weiter: „Lasst Euch etwas einfallen".

Design von 1967

Und so wurden die neuen Turbofans irgendwie an die 737 gewürgt, deren Design damals bereits 50 Jahre alt war. Mit den neuen Triebwerken wurde das Flugzeug allerdings problematisch: beim Start drückt der Schub die Nase der neuen 737max gewaltig nach oben, und wenn ein Pilot, der die alte 737 gewohnt ist, nicht schnell reagiert, dann kann die Strömung abreißen und der Flieger stürzt ab.

Um das zu kompensieren, installierte man eine Software im zentralen Computer, welche dafür sorgt, dass die Nase des Fliegers energisch nach unten gedrückt wird, sobald der Anstellwinkel zu groß wird. Schwächen in der Aerodynamik wurden also durch einen Computer-Trick korrigiert. Das war keine gute Lösung: Sollte die Automatik im falschen Moment eingreifen, würde sie das Flugzeug in den Boden steuern. Genau das passierte zwei Mal, und es kostete 350 Menschenleben. Am 29.10.2018 traf es einen Flug von Lion Air und am 10.3.2019 die Ethiopian Airlines.

Bei der Zulassung der 737max durch die FAA „Aircraft Evaluation Group (AEG)" hatte Boeing besagte Steuer-Automatik verheimlicht, mit der Folge, dass diese schließlich in den Flugzeughandbüchern und den Schulungsmaterialien für die Piloten nicht beschrieben wurde. Die Anklage wegen dieses Betrugs kostete Boeing schließlich 2,5 Milliarden Dollar an Kompensation für die Angehörigen und Bußgeld. Und im Wettrennen mit Airbus, bei dem man bis 2018 Kopf an Kopf lag, fiel man jetzt deutlich zurück.

Was hat man daraus gelernt?

CEO Dennis Muilenburg war zwar gefeuert worden, aber die Ethik hat sich deswegen nicht gebessert. Ursprünglich war die Maxime gewesen: „Wir bauen die besten und sichersten Flugzeuge der Welt, dann werden wir Erfolg haben". Dieses Motto aber hatte sich gewandelt zu: „Wie kann man aus diesem erfolgreichen Unternehmen den maximalen Shareholder Value pressen." In kleinen Schritten wurde der Einfluss der Ingenieure durch die Finanzvorstände zurückgedrängt, die dann neue Prioritäten setzten. Da traten dann manchmal Qualität und Sicherheit in den Hintergrund, weil Kosten und Termintreue wichtiger waren.

Es kam immer wieder zu kleinen und größeren Problemen. Mitarbeiter aus der Fertigung schlugen Alarm, wenn unter Zeitdruck Teile in die Flugzeuge eingebaut wurden, die den Spezifikationen nicht entsprachen. Zeitintensive Qualitätskontrollen wurden abgekürzt in der Zuversicht es wird schon nichts passieren. Und das ist nun ein Motto, das in der Fliegerei den nächsten Unfall garantiert.

Und der kam am 5. Januar 2024, als sich bei einer B737max nach dem Start ein „Door Plug“ selbstständig machte und der Fahrtwind von einigen hundert Stundenkilometern das Innere der Kabine verwüstete. Airlines wollen den Abstand zwischen den Sitzreihen ja selbst bestimmen, um mehr oder weniger Passagiere unterbringen zu können. Dementsprechend muss eine bestimmte Zahl an Notausgänge an bestimmten Positionen verfügbar sein. Der Flugzeugrumpf ist so gebaut, dass für alle möglichen Konfigurationen ein passendes Loch in der Wand vorhanden ist. Für eine konkrete Konfiguration werden dann die unnötigen Löcher mit „Pfropfen“ geschlossen. Die sind ähnlich groß wie die Tür des echten Notausgangs, haben aber keinen Bedienungshebel und öffnen sich nach außen. Damit sie dem Überdruck in der Kabine widerstehen können, sind sie mit einer Reihe von kräftigen Bolzen am Rumpf befestigt. In der Unglücksmaschine hatte man einige dieser Bolzen vergessen.

Der Tod zweier Whistleblower

Dieser Unfall war spektakulär, hat aber gottseidank keine Menschenleben gekostet. Es sollte nicht dabei bleiben. Im März 2024 wurde der ehemalige Boeing Mitarbeiter und Whistleblower John Mitchell Barnett tot in seinem Auto aufgefunden. Er hatte eine Schusswunde am Kopf, möglicherweise war es Selbstmord. In der Vergangenheit hatte er der amerikanischen Luftfahrtbehörde FAA kritische Berichte über Sicherheits- und Qualitätsaspekte bei der Produktion des Boeing 787 Dreamliners zukommen lassen. Zum Zeitpunkt seines Todes führte er einen Prozess gegen Boeing.

Ein zweiter Whistleblower, Joshua Dean, ehemaliger Mitarbeiter des wichtigen Boeing-Zulieferers Spirit AeroSystems, ist nach einer mysteriösen Krankheit Ende April 2024 im Alter von 45 Jahren plötzlich verstorben. Er war in der Qualitätskontrolle der 737max tätig und hatte öffentlich über Fehler bei der Fertigung berichtet, nachdem man ihm im Hause Boeing keine Aufmerksamkeit schenkte.

Können all diese Desaster die Konsequenz des gnadenlosen Strebens nach Shareholder Value sein? Hat die Dominanz der finanziellen Aspekte alle technischen Bedenken an die Wand gedrückt? Die Fluggesellschaft Emirates, mit immerhin 133 Exemplaren der B777 in ihrer Flotte, hat zur Bedingung gemacht, dass der nächste CEO bei Boeing ein Ingenieur sein muss, damit man weiter im Geschäft bleibt. Da kann man nur zustimmen, denn ein Ingenieur kann sich leichter in die Logik des Finanzwesens einfinden als ein Chief Financial Officer in die Geheimnisse des Flugzeugbaus.

Elon Musks Kommentar dazu: „Der CEO einer Flugzeug-Firma, für den es ein Geheimnis ist, warum Flugzeuge fliegen, der ist so nützlich, wie ein Kavallerie-Hauptmann, der nicht reiten kann.“

***

EIN PLANET MEHR AM HIMMEL

Am 7. Juni verunglückte Bill Anders im Alter von 90 Jahren. Wenn ein Neunzigjähriger stirbt, dann ist das nichts Besonderes. Wenn es aber am Steuer seines Flugzeuges geschieht, dann ist das schon außergewöhnlich, insbesondere wenn eben dieser Pilot, ein halbes Jahrhundert zuvor, eine Apollo Kapsel problemlos um den Mond gesteuert hat und nebenher noch ein paar Fotos schießen konnte. Diesem Mann verdanken wir eine der letzten „Sternstunden der Menschheit".

Sternstunden

Immer sind Millionen Menschen innerhalb eines Volkes nötig, damit ein Genie entsteht, immer müssen Millionen müßige Weltstunden verrinnen, ehe eine wahrhaft historische, eine Sternstunde der Menschheit in Erscheinung tritt. Ereignet sich eine solche Weltstunde dann, so schafft sie Entscheidung für Jahrzehnte und Jahrhunderte.

Wie in der Spitze eines Blitzableiters die Elektrizität der ganzen Atmosphäre, ist dann eine unermessliche Fülle von Geschehnissen zusammengedrängt in die engste Spanne von Zeit. Was ansonsten gemächlich nacheinander und nebeneinander abläuft, komprimiert sich in einen einzigen Augenblick, der alles bestimmt und alles entscheidet; ein einziges Ja, ein einziges Nein, ein Zufrüh oder ein Zuspät macht diese Stunde unwiderruflich für hundert Geschlechter und bestimmt das Leben eines Einzelnen, eines Volkes und sogar den Schicksalslauf der ganzen Menschheit.

High as a Kite

So beschreibt Stefan Zweig die Kriterien, nach denen er 14 Ereignisse aus den vergangenen zwei Jahrtausenden als „Sternstunden der Menschheit" ausgewählt, analysiert und gewürdigt hat. Gemessen an diesen Merkmalen, welche Sternstunden sind in unserer Zeit entstanden? Welche Momente der vergangenen Jahre und Jahrzehnte könnten es an Bedeutung mit der *„Weltminute von Waterloo"* aufnehmen, als Marschall Grouchy sich entschied, Napoleon in der Schlacht bei

Wavre im Stich zu lassen? Ist Angela Merkels Wahl zur Kanzlerin mit diesem Ereignis vergleichbar?

Oder ist die Hommage an Robert Scott, *„Der Kampf um den Südpol"* bei dem er knapp scheiterte und ums Leben kam, vergleichbar mit Robert Habecks Kampf gegen das Klima? Oder ist die Rechtschreibreform vergleichbar mit *„Georg Friedrich Händels Auferstehung"*. Und welches Ereignis wäre dem *„Genie einer Nacht"* ebenbürtig, dem Komponisten Rouget de Lisle, der in einer Nacht die Marseillaise erschuf?

Ich möchte Monsieur de Lisle hier das Genie einer Minute gegenüberstellen: Carlos Santana. Am 16 August 1969 sitzt er mit seiner Band zusammen, Joint im Mundwinkel, und man überlegt, welche Songs man morgen wann und wie spielen sollte. In die entspannte Stimmung platzt der Veranstalter mit der Nachricht: Carlos, ihr seid dran. Man wehrt sich dagegen, das Programm sei ganz anders, man sei nicht vorbereitet, aber der Boss sagt: „You play now or not at all". Zwei Minuten später stehen die Kerle auf der Bühne vor 400.000 Fans, „high as a kite", und opfern ihre Seele mit ihrer Show von *„Soul Sacrifice"*.

Das war im Sommer 1969 in Woodstock. Aber kommen wir zurück zu dem eingangs erwähnten Kandidaten, zu Bill Anders.

Im richtigen Moment

Der hatte zu dieser Zeit seine Apollo Kapsel problemlos um den Mond gesteuert. Am 7. Juni 2024 stürzte er mit seiner Beech T-34 in die See westlich von Seattle und kam dabei ums Leben. Was auch immer die Ursache des Absturzes gewesen sein mag, er verabschiedete sich von diesem Planeten mit Stil und die Fotos aus seiner Hand machen ihn unsterblich.

Es war Dezember 1968 und es blieben noch 12 Monate bis zum Ende des 60-er Jahrzehnts. Um John F Kennedys Vermächtnis nicht Lügen zu strafen, musste man bis dahin einen Mann auf den Mond und heil wieder zurück bringen. Die Vehikel für diese Reise - Saturn V

Rakete und Apollo Kapsel - waren zu diesem Zeitpunkt schon diversen Tests unterzogen worden.

Die Mission Apollo 7 war der erste Einsatz des Kommando- und Servicemoduls mit Besatzung. Man umkreiste damals die Erde 163-mal und verbrachte 11 Tage im Weltraum. Das ging gut, aber es war eben nur in unmittelbarer Nähe zur Erde. Vergleichsweise war man, vor dem Eiffelturm stehend, in Kniehöhe gekreist, während der Mond 300 Metern höher war, auf der Spitze des Turms.

Am 21. Dezember 1968 startete dann Apollo 8. Es war die erste Mission, die Menschen zum Mond und zurückbringen sollte, allerdings ohne dort zu landen. Die Saturn musste jetzt alles zeigen, insbesondere ihre dritte Stufe. Es gelang. 62 Stunden nach dem Start bog die Kapsel in ihren Orbit um den Mond und umkreiste ihn dann 20 Stunden lang. In dieser Zeit gab es eine Menge zu tun: Tests der Kommunikation mir der Erde, Navigation und Kartographie des Mondbodens, und vieles mehr. Aber man hatte auch noch Zeit, um aus dem Fenster zu schauen. Da sah man nun den gewohnten Sternenhimmel, wenn auch aus anderer Perspektive.

Aber noch etwas hatte sich geändert: statt sieben Planeten sah man jetzt acht! Die Erde hatte sich zu ihren Geschwistern am Firmament dazu gesellt. Für Bill Anders, den Piloten der Kapsel, gab es da kein „Zufrüh oder Zuspät". Er drückte im rechten Moment auf den Auslöser seiner Kamera und bescherte der Menschheit die ersten Bilder, die unseren Planeten in seiner vollen Pracht zeigten. Vielleicht wenden Sie ein, dass es schon vorher von Satelliten geschossene Fotos von der Erde gab. Das mag schon sein, aber die waren aus zu geringem Abstand gemacht, um ihrer Schönheit gerecht zu werden. Das ist so, wie wenn Sie Ihren Hund aus nur fünf Zentimeter Entfernung fotografieren, da sehen Sie dann nur ein Stück seines Fells, aber nicht Ihren Vierbeiner in seiner ganzen Anmut.

Bill Anders' Fotografie ist ohne Zweifel eine Sternstunde. Seine Worte - *Wir flogen zum Mond, aber was wir entdeckten, das war die Erde* – bringen ihn in die Nähe von Vasco Núñez de Balboa und seiner Entdeckung des Pazifischen Ozeans im Jahre 1513, die von

Stefan Zweig als Sternstunde unter dem Titel *„Flucht in die Unendlichkeit“* gewürdigt wurde.

Bills letzter Flug war seine Flucht in die Unsterblichkeit.

***

PIONIERE IN DER SACKGASSE

In diesem Zeitalter der Anfeindung klassischer Technologien, wo Kernkraft und Verbrenner am Pranger stehen, hat die Förderung alternativer Energien Hochkonjunktur, egal ob machbar oder nicht, Hauptsache sie dienen einem guten Zweck. Sei es als Sühne für die Sünden des Kolonialismus, für die Rettung des Klimas oder für die Schonung unserer Ressourcen. Derartige Projekte gibt es auch - und gerade - im Bereich Luftfahrt.

Wasserstoff statt Turboprop

Projekte mit der Vorsilbe „Elektro" haben gute Chancen gefördert zu werden, ebenso wie solche mit dem Etikett „Wasserstoff". Wenn beide Vokabeln zusammenkommen, dann hat man das perfekte „Sesam öffne dich" für Tresore der entsprechenden Ministerien oder Investment Banker. Und das ist nicht nur in Deutschland so. In Kalifornien hat gerade die 2020 gegründete „Universal Hydrogen" Konkurs angemeldet, nachdem sie die von Investoren aufgebrachten 100 Millionen Dollar verbrannt hatte. Man wollte beweisen, dass Verkehrsflugzeuge mit Wasserstoff statt mit Kerosin betrieben werden können.

Dazu nahm man ein Regionalflugzeug vom Typ Bombardier Dash 8-400, mit 2000 km Reichweite und 70 Sitzen, so wie sie auch die Lufthansa früher in ihrer Flotte hatte. Die Maschine hat zwei Turboprop Triebwerke mit je 2000 PS. Eines dieser Triebwerke ersetzte man durch einen Elektromotor, der durch Brennstoffzellen mit Strom versorgt wurde. Die Brennstoffzellen wiederum wurden mit Wasserstoff gespeist, der an Bord in flüssiger Form in einem entsprechenden Tank untergebracht war. Am 2. März 2023 absolvierte die Maschine einen 15-minütigen Testflug.

Das ist eine eindrucksvolle Ingenieurs-Leistung, denn der Elektromotor samt großem Propeller dient ja nicht nur der Dekoration, er muss für den Start eine vergleichbare Leistung bringen, wie sein konventioneller Kollege auf der anderen Seite der Flugzeugrumpfs. Es muss also eine Brennstoffzelle der Megawatt-Klasse mit an Bord sein, sowie die dazugehörige Installation für die Versorgung mir Wasser- und Sauerstoff. Da muss jede Minute ca. 1kg Wasserstoff in die Brennstoffzelle gepumpt werden, das wären über 10.000 Liter bei Normaldruck, und dazu noch der zugehörige Sauerstoff, der nur ein Fünftel der Luft ausmacht. Da kann einiges schief gehen. Aber es klappte und der Gouverneur des Staates Washington war pflichtgemäß beeindruckt, er ist ja von der demokratischen Partei. Er bezeichnete den Flug als Durchbruch in Sachen sauberer Energie.

Dennoch fand das Projekt keine weiteren Sponsoren. Die Erkenntnis war wohl, dass es im Prinzip zwar geht, aber letztlich nicht praktikabel ist. Das könnte auch damit zusammenhängen, dass die Handhabung und Unterbringung der großen Mengen flüssigen Wasserstoffs im Flugzeug nicht praktikabel sind. Hätte man das auch vorher wissen können?

Disruptiv, aber elektrisch

In Deutschland, genauer gesagt in Bayern gibt es die Lilium GmbH für „disruptive Luftfahrttechnik“, die bereits anderthalb Milliarden Dollar von unterschiedlichen Investoren eingesammelt hat. Sie konstruiert ein Fluggerät, das von elektrischen Propellern angetrieben wird, insgesamt 36 Stück, die in die Tragflächen eingebaut sind. Sie können so geschwenkt werden, dass sie nach unten blasen und senkrechte Starts und Landungen ermöglichen. Das Gerät bietet vier oder sechs Passagieren Platz, plus Pilot. Das Design ist äußerst elegant. So weit, so gut.

Die unterschiedlichen veröffentliche technischen Daten allerdings sind etwas widersprüchlich. Die Zahlen für Flugdauer und Batterien werden nicht so freizügig präsentiert, wie die Fotos der schicken Sitze und das futuristische Instrumentenbrett. Der kritische Faktor beim elektrisch fliegen ist ja die Kapazität der Stromquelle, in diesem Fall der Lithium-Batterie. Die ist schon im E-Auto ein Schwergewicht, erst recht wäre sie das im Flugzeug, wo jedes Gramm eingespart werden muss. Glaubt man den Daten von Research Gate, dann hat diese Batterie eine Kapazität von 38 Kilowattstunden und wiegt 240 kg, so viel wie drei Passagiere. Deren Energie entspräche im klassischen Flieger einem Tankinhalt von 15 Litern (oder 10 kg) Flugbenzin; mit so einem Flugzeug würde kein Pilot starten. Aus den

Daten, welche Lilium anbietet, kann man mit etwas Optimismus eine Maximale Dauer von 45 Minuten in der Luft abschätzen.

Nicht am Ziel, aber am Leben

Damit ein Fluggerät nützlich ist, muss es bei jedem Wetter operieren können, insbesondere auch bei Nacht und Wolken. In der Höhe im Reiseflug ist es zwar kein Problem, wenn man nichts sieht, solange man auf richtigem Kurs bleibt und sich von Bergen fern hält. Am Ziel angekommen muss das Flugzeug aber auf den Meter genau mit der richtigen Geschwindigkeit und Sinkrate auf der Piste landen. Da gibt es natürlich elektronische Hilfsmittel, und ja, auch der „Computer“ kann bei null Sicht noch landen, aber nur wenn Platz und Flugzeug die entsprechende Ausrüstung dafür haben. Aber dennoch es kann vorkommen, dass es einfach nicht geht. Was dann?

Dann muss der Pilot nach mehreren erfolglosen Anflügen am Zielflughafen woanders landen, am „Alternate“. Man ist dann zwar nicht am Ziel, aber man ist wenigstens noch am Leben. Dafür braucht der Pilot einen Plan und genügend Sprit, um den Plan auszuführen. Dazu ist er per Gesetzt verpflichtet. Er muss bei der "Air Traffic Control" vor dem Start nicht nur angeben, was sein Ziel ist, sondern auch, auf welchen „Alternate“ er ausweichen würde, falls es am Ziel nicht klappt. Deswegen muss er beim Start genügend Treibstoff an Bord haben

- um zum geplanten Ziel zu fliegen und dort zu landen
- um zusätzlich für 10 Prozent der oben benötigten Zeit in der Luft zu bleiben
- um zum Alternate zu fliegen
- um 30 Minuten lang über dem Platz zu kreisen.

Für einen Flug München – Frankfurt beispielsweise, mit Alternate Nürnberg, müsste ein Airbus-Pilot also mindestens Sprit für 50 + 5 + 40 + 30 = 125 Minuten an Bord haben, obwohl vom Abheben in MUC bis zum Aufsetzen in FRA nur etwa 50 Minuten vergehen würden. Aber sicher ist sicher, und auch wenn das Risiko, dass der Sprit in der Luft ausgeht, nur 1: 1000 wäre, es ist einmal zu viel.

Wofür ist Lilium die Lösung?

An den Jet von Lilium würden vermutlich geringere Anforderungen in Sachen Reserve gestellt als an einen Airbus, aber auch er muss genügend Saft an Bord haben, um bei schlechtem Wetter, eine Alternative zu haben; vermutlich wäre das der nächste wolkenfreie Helipad. Die aktuelle Version des Jets kann ca. 45 Minuten in der Luft bleiben. Bedenkt man, dass für senkrechten Start und senkrechte Landung auch einiges an Sprit verbraten wird, dann bleiben für den Reiseflug vielleicht noch 25 Minuten. Bei 200 km/h wären das im kommerziellen Einsatz maximal 80 km Entfernung zwischen Start und Ziel.

80 km im Liliium Jet fliegen statt im Auto fahren? Nur um dann ein Selfie an die Freunde schicken zu können? An manchen Orten ist das vielleicht eine Lösung: Für die Distanz Mallorca nach Menorca würde es reichen, nach Ibiza aber nur mit Rückenwind. Man hat also eine Lösung, für die noch kein Problem gefunden wurde. Die Firma arbeitet natürlich intensiv an der Verbesserung von Reichweite bzw. Flugdauer. Die Batterien sind der Engpass. Den kann man auch durch futuristisches Design der Sitze oder ein Space-Age Cockpit nicht wett machen.

Wird Lilium schließlich ein vermarktbares Produkt anbieten können? Wir wünschen den Ingenieuren und Unternehmern, dass sie die typischen vier Jahre Halbwertszeit von High-Tech Startups überleben. Der Kampf um technische Lösungen ist immer etwas Nützliches, auch wenn die Pioniere dabei in einer Sackgasse landen; auch wann man das Ergebnis auf Papier hätte berechnen können, statt die Sache zu bauen. Ihre Arbeit ist jedenfalls wesentlich sinnvoller, als Gender-Forschung oder eine neue Rechtschreibreform

***

RÜCKFLUG VERSPÄTET SICH

Am 6. Juni dieses Jahres waren Butch Wilmore und Suni Williams an Bord des Boeing Starliners zur ISS geflogen, um eine Woche dort zu verbringen. Jetzt verschiebt sich der Rückflug aus technischen Gründen etwas, und man wird wohl auch ein anderes Verkehrsmittel benutzen müssen: den Crew Dragon von Boeings Erzfeind Space X. Neuer Termin für die Heimreise ist jetzt Februar 2025.

Nichts für schwache Nerven

Das Projekt der Internationale Raumstation ISS wurde 1998 gestartet und von da an fortlaufend aus unterschiedlichen Modulen zusammengesetzt und erweitert. Das Konstrukt hat heute eine Ausdehnung von etwa 100 Metern, wobei die riesigen Solarpanels wesentlich zu diesen Dimensionen beitragen. Dafür liefern die immerhin 100 Kilowatt, unabhängig vom Wetter, aber nicht unabhängig von Tag und Nacht. Die dauern hier oben jeweils 45 Minuten, nach anderthalb Stunden ist man also einmal um die Erde rum. Die Flughöhe beträgt 400 km, da herrscht schon fast völliges Vakuum. Zum Mond wäre es übrigens 1000-mal so weit.

Seit anno 2000 ist die ISS permanent bewohnt. Es gibt Platz für maximal 10 Personen, allerdings nur in Ausnahmefällen, etwa beim Wechsel der Besatzung. Sauerstoff wird durch Elektrolyse von Wasser in seine Bestandteile H2 und O2 gewonnen, Strom dafür hat man ja genug. Und woher kommt das Wasser? Dafür gibt es auf der ISS einen total geschlossenen Kreislauf, kein Tropfen geht verloren. So ist das Leben im Weltraum. Hin und wieder, so alle zwei oder drei Monate kommt auch Nachschub per Weltraumfrachter, und da ist dann auch frisches Wasser dabei; ja, und auf dem Rückflug werden dann auch die verschiedenfarbigen Müllsäcke mit zurück zur Erde gebracht.

Per „Uber" zur ISS

Die Versorgungsflüge sind meist unbemannt und werden nicht nur von USA und Russland durchgeführt, sondern auch von anderen ISS-Partnerstaaten. Bemannte Flüge sind hinsichtlich Sicherheit und wegen der notwendigen Life Support Systeme wesentlich anspruchsvoller. Die Russen haben dafür ihre Soyuz Vehikel im Einsatz, die Amerikaner benutzten bis 2011 das Space Shuttle. Insgesamt wurden bis heute einige hundert Flüge zur ISS durchgeführt.

2011, nach dem Ende des Shuttle Programms, hatten die USA kein eigenes Transportsystem mehr und mussten quasi „Uber"-Dienste der Russen in Anspruch nehmen. Diese Anhängigkeit war auf die Dauer nicht akzeptabel und so beauftragte NASA 2014 die Firmen Boeing und SpaceX parallel mit der Entwicklung neuer Raumfahrzeuge. SpaceX erhielt 2,6 Milliarden US-Dollar für die Entwicklung des „Crew Dragon" und Boeing sollte für 4,2 Milliarden den Starliner bauen. Im Mai 2020 war dann der „Crew Dragon" vom SpaceX einsatzbereit und hat seither ein Dutzend Flüge absolviert.

Die Entwicklung des Starliners, der ursprünglich 2017 zur Verfügung stehen sollte, verzögerte sich dramatisch, und auch das Budget wurde erheblich überschritten. Der erste erfolgreiche, unbemannte Flug im Orbit fand dann endlich im Mai 2022 statt.

Unbemannt zurück zur Erde

2024 war es dann so weit, dass man der Starliner-Kapsel auch menschliche Wesen anvertrauen konnte. Am 6. Juni traten die Astronauten Butch Wilmore und Suni Williams die Reise zur ISS an. Andocken und Umzug in die Station waren zwar problemlos, aber sie beobachteten währen der Annäherung gewisse Anomalitäten mit den Düsen für Antrieb und Lagekontrolle. Und so kam die NASA zu dem Schluss, dass es zu riskant wäre, diesen Starliner auch für den Rückflug zu benutzen. Man würde die Kapsel unbemannt und ferngesteuert zur Erde zurückholen, und die Besatzung müsste auf den nächsten Transfer warten – der ist jetzt für Februar 2025 vorgesehen, per „Dragon" von SpaceX.

Für Boeings Renommée ist das natürlich eine Katastrophe. Nach den diversen Unfällen mit der 737 und auch Problemen mit anderen Modellen ist das Prestige der ehemaligen Nummer Eins der Luftfahrtindustrie ohnehin schon am Boden. Und so versuchte Boeing die

NASA zu überzeugen, dass der Rückflug des Starliners samt Besatzung durchaus zu verantworten wäre. NASA wiederum leidet immer noch unter den verheerenden Abstürzen der Shuttles Challenger und Columbia und betreibt jetzt ein möglicherweise übertriebenes Risikomanagement. Als Auftraggeber hat sich NASA natürlich durchgesetzt.

Wenn man bedenkt, dass es NASA einst gelungen war, innerhalb von 10 Jahren das Apollo Programm mit sechs unfallfreien Mondlandungen zu verwirklichen, und dass Boeing vor zwei Generationen Flugzeuge entwickelte, deren Silhouetten noch heute fast unverändert den Himmel bevölkern, dann kann man der Frage nicht ausweichen: „Was konnten die damals, was wir heute nicht mehr können?" Und man muss bedenken, dass die damals weder Computer zur Verfügung hatten noch Ingenieurinnen.

***

ILLUSIONEN IM COCKPIT

Im Juni 2009 stürzte Air France 447 auf dem Weg von Rio nach Paris in den Atlantik, wobei alle 228 Personen an Bord ihr Leben verloren. Die Crew hatte ihren riesigen Airbus 330 für unzerstörbar gehalten. Könnte es sein, dass die derzeitigen Piloten und Pilotinnen im Cockpit des Flugzeugs „Deutschland" unter einer ähnlichen Illusion leiden? Oder haben die vielleicht gar keine Fluglizenz?

Keine Nähe zur realen Katastrophe

Manche Entscheidungsträger sind sich nicht dessen bewusst, dass ihre Fehlleistungen ins Verderben führen könnten. Über Jahre agierten sie in einem erprobten System, dessen innere Logik für Stabilität und Sicherheit sorgte, in dem kleinere Abweichungen vom Sollzustand spontan korrigiert wurden. So haben sie nie miterlebt, dass man in die Nähe einer realen Katastrophe gekommen wäre. Sie sagten sich vielleicht, dass dieser Erfolg ein Ergebnis ihrer richtigen Entscheidungen gewesen sei, aber im Grund ihres Herzens halten sie das System für „unkaputtbar" - too big to fail.

Auch moderne Verkehrsflugzeuge sind solche Systeme. In ihr Design sind die Erfahrungen aus unendlich vielen Betriebsstunden eingeflossen und dank Kritik und Anregungen Tausender Piloten und Ingenieure gab es kontinuierliche Verbesserungen. So werden weltweit jährlich zig Millionen problemlose Starts und Landungen absolviert, von Piloten, die nicht alle das Format von Charles Lindbergh oder Neil Armstrong haben. Moderne Airliner sind Wunderwerke von Perfektion und künstlicher Intelligenz, aber es führt in die Katastrophe, wenn man sie für unzerstörbar hält, so wie einst die Titanic.

Eis über dem Äquator

Der Air France Flug 447, ein Airbus 330, war auf dem Weg von Rio nach Paris, als er nachts über dem Atlantik in der Nähe des Äquators in Gewitterwolken geriet, die sich hier auch in großer Höhe bilden können. Das führte zu Turbulenzen und dazu, dass die außen am Rumpf angebrachten Drucksensoren vereisten. Der Autopilot des

Flugzeugs erhielt nun falsche Angaben über die Geschwindigkeit, und er tat das, wofür er in solch einem Fall programmiert ist: Er schaltete sich ab und übergab die Kontrolle an den „echten“ Piloten.

Nachts und in Wolken gibt es keinerlei visuelle Anhaltspunkte, die einem verraten, wo oben und unten ist, und auch das normale Körpergefühl lässt einen im Stich. Der Pilot, der jetzt die Kontrolle übernimmt, weiß in diesem Moment nur, dass irgend etwas kaputt ist, dass *er* jetzt steuern und das Flugzeug in der Luft halten muss, ohne zu wissen, wie schnell es fliegt. Das ist zwar eine Situation, die im Simulator regelmäßig trainiert wird, aber es ist eine andere Sache, wenn es hoch am Himmel passiert und wenn das Leben von ein paar hundert Menschen auf dem Spiel steht.War der Pilot seiner Aufgabe gewachsen?

Eine Ewigkeit, in der niemand eingriff

Die Leistung der anfangs zwei und dann drei Piloten im Cockpit des Airbus ist später anhand der vom Meeresgrund geborgenen black boxes minutiös rekonstruiert worden.

Fakt ist, dass der „Pilot Flying“, der Pilot am Steuer, in einer ersten Reaktion die Nase des Flugzeugs so hoch nahm, dass die Strömung über die Tragflächen abriss, dass es zu einem „Stall“ kam, durch den das Flugzeug aufhörte zu fliegen und Richtung Ozean fiel. Das war natürlich ein schwerer Fehler - das Erstaunliche ist aber, dass weder der andere Pilot im Cockpit, der „Pilot Monitoring“, noch der Kapitän, der eine Minute später dazu kam, dagegen etwas unternahmen. Es gab zwar Kommentare und Ratschläge, aber niemand griff körperlich in die Kontrollen ein, um die Nase des Flugzeugs nach unten zu drücken und den Stall zu beenden. Wie konnte das sein? Immerhin ging es hier um Leben und Tod, man war nicht im Flugsimulator.

Das Flugzeug fiel nun aus rund 11 Kilometer Höhe weiter Richtung Ozean. Der Fall dauerte über drei Minuten. Das ist eine Ewigkeit, in der das Flugzeug hätte abgefangen und gerettet werden können. Aber keiner der beiden anderen Piloten griff beherzt ein, sie verhielten sich eher wie Zuschauer, sie konnten nicht glauben, dass das die

Wirklichkeit war, denn sie hatten noch nie so etwas erlebt. Im Grunde ihres Herzens hielten sie ihren Airbus 330 für unzerstörbar – too big to fail.

Ein Ziel in den Wolken

Das Flugzeug namens Bundesrepublik war viele Jahre recht gut auf Autopilot unterwegs. Natürlich gab es hin und wieder Turbulenzen, in denen ein echter Pilot eingreifen musste, aber es kam nie zu einem Notfall. Seit einiger Zeit aber - und zwar schon seit länger als drei Minuten - sitzen Personen im Cockpit, die entweder aus Unkenntnis der Zusammenhänge oder aber mutwillig in die Sicherheit des Flugs eingreifen, ohne Rücksicht auf Verluste.

Da werden gerade mal ein paar Triebwerke abgestellt, die Flughöhe ändert sich nach belieben und das Ziel ist irgendwo in den Wolken. Ja, dass es Inkompetenz an den Schalthebeln der Macht gibt, das kam schon immer mal vor. Aber warum lässt man sie derzeit so lange gewähren? Warum greift niemand ein? Wann machen wir die längst überfällige Zwischenlandung, um die Crew auszutauschen? Das „May-Day" ist doch überdeutlich zu hören.

Auch das hier ist keine Video-Spiel, auch hier geht es um Leben und Tod. Und wir wollen doch nicht, dass eines Tages dieselben letzten Worte aus dem Cockpit des Flugzeugs mit dem Namen „Deutschland" zu hören sein werden, wie bei dem tragischen Unglück von AF447.

Der Cockpit Voice Recorder hat sie aufgezeichnet:

„*Putain... on va taper. C'est pas vrai!*" (Sch..., wir crashen. Das kann doch nicht wahr sein!)

***

TAURUS
KEIN UNBEKANNTES FLUGOBJEKT

In diesen Tagen fällt, in verschiedensten Zusammenhängen, immer wieder der Begriff „Taurus“. Ist den Betreffenden eigentlich klar, worüber sie da so leichtfertig reden? Ist es eine Rakete, eine Drohne, ein „Marschflugkörper“, ein Geschoss? Die technischen Daten des Taurus sind leicht zugänglich, und an einem theoretischen Szenario soll hier demonstriert werden, was auf dem Spiel steht.

Kein unbekanntes Flugobjekt

Der Taurus ist ein Flugapparat, so lang (5 m) und so schwer (1,5 t) wie ein größeres Auto, mit einer Spannweite von 2 Metern. Mit solchen Stummelflügeln würde der schwere Apparat bei rollendem Start niemals vom Boden abheben. Deshalb wird er unter ein Flugzeug gehängt, etwa eine McDonnell Douglas F-15, und dann bei hoher Geschwindigkeit (ca. 900 km/h) ausgeklinkt.

Jetzt ist er ein autonomes Flugzeug, mit Autopilot, Navigationssystemen und einer halben Tonne Sprengstoff an Bord. Die genauen Zielkoordinaten samt Route, sind bei der Einsatzplanung am Boden programmiert worden. Angetrieben wird der Taurus von einem “Turbofan“ mit 7 kN Schub; diese Kraft entspricht etwa der Hälfte seines Gewichts. Turbofans treiben in größerer Ausführung, und für eine längere Lebensdauer ausgelegt, auch unsere Airliner an.

Der Treibstoff reicht für einen 45-minütigen Flug, das ergibt gut 500 km. Und noch etwas: der Taurus ist in der Lage, sein Ziel zu erkennen. Er hat ein dreidimensionales digitales Modell davon gespeichert und vergleicht es beim Anflug mit dem, was seine Kamera sieht. Und was würde passieren, wenn er sein Ziel nicht zu Gesicht bekäme? Dann fliegt er weiter zu einem vorprogrammierten Ort, an dem er sich schadlos in die Luft sprengt. (Janes.com)

Der Spieß wird umgedreht

Wie sähe nun ein Taurus-Einsatz in der Praxis aus? Drehen wir dazu den Spieß um: Nehmen wir an, auch Russland hätte so einen Taurus zur Verfügung – eine vermutlich ganz realistische Annahme.

Von der Luftwaffenbasis Levashovo bei St Petersburg startet eine Suchoi 57 mit solch einer Waffe unter dem Rumpf, nimmt Kurs nach Westen und steigt auf die übliche Flughöhe. Bald ist sie über der Ostsee und wird auf den Radarschirmen der estnischen und finnischen Luftüberwachung sichtbar. Für die ist das keine Überraschung, denn russische Piloten machen hier gerne ihre „Dogfights".

Eine halbe Stunde später dreht die Suchoi nach Südwesten und setzt ihren Flug über Wasser fort. Nach einer weiteren halben Stunde, in der Nähe der Insel Bornholm, drückt der Pilot einen roten Knopf. Für den Taurus ist es das Signal, sein Triebwerk anzulassen und sich auszuklinken, worauf die Suchoi eine steile 180° Wende macht und wieder nach Hause fliegt.

Auf sich allein gestellt

Der Taurus ist jetzt auf sich allein gestellt. Als Erstes verlässt er seine Flughöhe und geht in steilem Sinkflug auf 10 oder 20 Metern über dem Wasser. Jetzt ist er unter dem Radar. Eine ganze Palette von Systemen zeigt ihm seine genaue Position an. Falls das GPS gestört sein sollte, benutzt er sein INS (Inertial Navigation System), dann hat er noch eine Kamera an Bord, welche die Landschaft beobachtet und mit der digitalen Landkarte des Bordcomputers vergleicht. Über Wasser ist das zwar keine Hilfe, aber das Bordradar erkennt die Küstenlinie, und aus all diesen Daten kann der Taurus seine Position auf ein paar Meter genau berechnen.

Um seinen Bestimmungsort zu erreichen, fliegt er weiter Kurs Südwest, und zwar mit Mach 0,9, das sind 300 Meter pro Sekunde oder 18 Kilometer in der Minute. Nach 10 Minuten ist er über der Bucht von Greifswald und dreht nach Süden. Unter ihm ist jetzt die Mecklenburger Landschaft, die er mithilfe seines TFR („Terrain Following Radar") in geringer Höhe, aber mit unverminderter Geschwindigkeit überfliegen kann. Nach weiteren 10 Minuten hat er die Stadtgrenze von Berlin erreicht. Jetzt zieht er steil nach oben, um sein genaues Ziel, wie ein Adler, aus großer Höhe zu identifizieren.

Und da ist es auch gefunden: der rechteckige Grundriss mit der Kuppel in der Mitte lässt keinen Zweifel daran, genau so ist es in seinem Programm gespeichert. Der Taurus stürzt sich jetzt von oben herab genau mitten in sein Ziel hinein. Zuerst zündet die „Penetration Charge", das ist die kleinere Ladung, die zum Durchdringen einer möglichen Schutzwand notwendig ist. Sie zerfetzt die gläserne Kuppel in tausend kleine Splitter. Nach einigen Millisekunden explodiert dann die eigentliche große Bombe von ca. 400 Kilo und legt das Reichstagsgebäude, von innen heraus, in Schutt und Asche. Das Schicksal der Menschen darin: unvorstellbar. Die Suchoi ist inzwischen unversehrt in Levashovo gelandet.

Die beste Verteidigung?

Bei dieser Mission hat der Angreifer dem Gegner einen maximalen Schaden zugefügt, ohne selbst ein Risiko eingegangen zu sein. Das macht den Taurus zu einer sehr begehrten Waffe. Aber dient er auch zur Abwehr eines Feindes? Nur wenn Angriff für die beste Verteidigung gehalten wird. Aber diese Strategie führt zwangsläufig zu einer rasanten Eskalation jeden Konfliktes; da kann der Streit um eine Halbinsel in einen Weltkrieg ausarten, so wie das Attentat auf einen österreichischen Erzherzog.

Die Lieferung von Taurus Flugkörpern an die Ukraine könnte also weitreichende, nicht abzusehende Konsequenzen haben. Die aktuelle Debatte dazu wird dem nicht gerecht, sie wird auf dem falschen Niveau und in den falschen Kreisen geführt. Wer eine Maschine, die zum Massenmord eingesetzt werden kann, stolz auf seinem (0der ihrem) T-Shirt herumträgt, ist dumm, geschmacklos oder zynisch. Das wird nur noch übertroffen von der Redaktion eines Fernsehprogramms für Kinder, wo diese Mordmaschinen als schnuckelige Tierchen den Fünfjährigen nähergebracht werden sollen.

***

Teil 8:

ES GEHT AUCH ANDERS

DAS WUNDER AM SAMBESI

Der Kollaps der Brücke in Dresden ist ein weiteres Fanal dafür, dass Führungskompetenz und technologischer Professionalismus aus Deutschland verschwinden. Vor 120 Jahren wurde in der „Dritten Welt“ in kürzester Zeit eine Brückenkonstruktion vollendet, wie sie in dieser Geschwindigkeit auch mit den modernen Hilfsmitteln von heute kaum vorstellbar wäre. Irgend etwas konnten die damals, was wir verlernt haben. Und es muss etwas Wichtiges gewesen sein.

Ein unerwartetes Hindernis

Wir waren im südlichen Afrika im Auto unterwegs, als wir auf ein unerwartetes Hindernis stießen, welches das Navi uns verschwiegen hatte: ein riesiger Fluss, mindestens zwei Kilometer breit. Auf dem Bildschirm war die Straße ungestört geradeaus weiter gegangen, die Wirklichkeit war aber anders - das ist ja auch bei größeren Bildschirmen manchmal so. Nach kurzem Dialog mit Ansässigen konnten wir das Rätsel lösen: Es handelte sich um den Sambesi, den zweitgrößten Strom Afrikas. Der fließt 2600 km von Angola über Sambia, Namibia, Zimbabwe und Mosambik in den Indischen Ozean, und der war uns jetzt in die Quere gekommen.

Es gab eine Fähre, aber auch auf der anderen Seite des Stroms trafen wir auf Überraschungen. Man erwartet Zebras oder Antilopen auf Afrikas Straßen, vielleicht einen Elefanten, aber was sich da jetzt abspielte, das war unglaublich. Eine nicht enden wollende Schlange von Tiefladern kam uns über den Horizont entgegen, beladen mit tonnenschweren Kupferplatten. Wir waren jetzt in Sambia unterwegs, und der wichtigste Rohstoff des Landes wird von dort per LKW zum nächstgelegenen Hafen gebracht: da hat man die Wahl zwischen Walvis Bay in Namibia, 2700 km, oder etwas näher, Durban in Südafrika, 2100 km.

Ein Elon Musk des 19. Jahrhunderts

Ja, der afrikanische Kontinent birst vor wertvollen Rohstoffen, aber der Transport zu den Industrieländern ist ein Problem. Vor uns hat das schon jemand anders erkannt: Cecil Rhodes, 1853-1902. Der hat in seinem relativ kurzen Leben sehr viel geschaffen, vielleicht war er ja der Elon Musk des 19. Jahrhunderts. Er plante keine Reise auf den Mars, aber plante die gut 10.000 km lange Eisenbahnlinie „From Cape to Cairo“, von Kapstadt nach Port Said, von Süd nach Nord durch ganz Afrika.

Und auch ihm kam dabei der verdammte Sambesi in die Quere, der das ganze südliche Afrika vom Rest des Kontinents abschneidet. Das sollte seine Bahnlinie nicht aufhalten, es gibt ja Brücken. Als Brückenbauer hat man nun die Wahl: man sucht im Flusslauf eine Stelle, wo er breit, aber flach ist, oder aber das Gegenteil: Schmal, tief und steile Ufer. Letzteres sollte es sein, und da bot sich die Schlucht an, durch die der Fluss unmittelbar nach den Victoria Wasserfällen strömt. Und so lautete Rhodes‘ Anweisung dann: "Baut mir diese Brücke über den Sambesi; dort, wo die Züge die Gischt der Wasserfälle abkriegen, wenn sie vorbeifahren.“

Ein anspruchsvolles Viadukt

Es würde ein Viadukt aus Stahlträgern werden, das von einer Firma im Nordosten Englands entworfen, berechnet und gefertigt wurde. Die Teile würden dann per Schiff zum Hafen von Beira in Mozambique transportiert, um dann auf der frisch eröffneten Bahnstrecke von Beira die 1300 km zur Baustelle an den Victoria Fällen gebracht zu werden.

Die Teile mussten in allen Details genau stimmen, was bei der parabelförmigen Geometrie der Brücke einiges an Rechnen erforderte. Was man unbedingt vermeiden wollte war, dass beim Zusammenschrauben im Dschungel jemand feststellte: hoppla, der Träger ist ja einen halben Meter zu lang, und hier fehlt ein ganzes Stück. Immerhin sind in der Brücke 2.500 einzelne Bauteile wie Träger, Fachwerke und andere Strukturelemente verbaut, die zusammen 1000 Tonnen Stahl auf die Waage bringen. Da kann vieles schief gehen.

Um dem vorzubeugen, baute man die 200 Meter lange und 100 Meter hohe Struktur gerade man in England zusammen, und stellte sicher, dass alles passte, bevor man die – hoffentlich gut nummerierten

– Einzelteile aufs Schiff verlud. Und noch etwas: Damit die Brücke dann auch genau zwischen die steilen Wände der Schlucht des Sambesi passte, musste man auch die Felswände in England nachbauen. Das waren ja keine glatten Betonplatten, sondern chaotische Steinformationen. Jeder Fehler würde hier viel Zeit und Geld kosten. Der Seeweg – und das war der einzige – von England nach Beira in Mozambique war 15.000 km, egal ob ums Kap der Guten Hoffnung oder durch den damals schon offenen Suez Kanal. Und von Beira zur Baustelle waren es ja auch noch ein paar Tage.

Was konnten die damals?

Wie lange würde so ein Projekt heute dauern? Die tonnenschweren Stahlteile würden auch heute auf See transportiert, Formalitäten an den Grenzen brauchen ihre Zeit und Kooperation mit den Auftragnehmern vor Ort wäre nicht einfach. Sicherheitsfreigaben durch den TÜV wären erforderlich, sowie Abschätzungen der Einflüsse auf den Klimawandel. Wenn man die ersten Meinungen zur Reparatur der Carolabrücke zum Maßstab nimmt, dann würde man für den Brückenbau im Dschungel vielleicht 14 Jahre einplanen.

Tatsächlich dauerte der Bau 14 Monate und die feierliche Eröffnung war am 12.September 1905. Irgend etwas konnten die damals also, was wir heute nicht mehr können, und das muss etwas sehr Wichtiges gewesen sein. Cecil Rhodes hat diesen Triumph nicht miterlebt, er war 1902 an Lungenentzündung verstorben. Aber er hat der Nachwelt dieses unumstritten ästhetische technische Monument hinterlassen. Eher umstritten ist sein historisches Erbe in Sachen Rhodesien und sein unternehmerischer Nachlass in Form der De Beers Diamond Company.

Auch sein Traum der Eisenbahn von „Cape to Cairo“ wurde nur zu Teilen realisiert. Teile der Strecke sind aber heute noch in Betrieb. Wenn Sie ein Abenteuer suchen, dann gönnen Sie sich doch vielleicht eine Zugfahrt von Kapstadt nach Bulawayo - auf den Schienen von Cecil Rhodes.

***

DON'T CRY FOR ME ARGENTINA

Der neue argentinische Präsident Javier Milei hat viel vor: die Zentralbank auflösen, den Staatsapparat mit der Kettensäge halbieren und die Wirtschaft von allen Fesseln befreien. So will er das geplagte Land vor dem Kollaps bewahren und zu neuem Wohlstand führen. Unmöglich? Nein - der Nachbar Chile hat genau dieses Wunder vollbracht.

Alter Glanz und neuer Reichtum

Kennen Sie den Charme von Häusern, die in Epochen des Wohlstands geschaffen wurden, aber dann in Zeiten der Entbehrung gealtert sind? Diese morbide Eleganz liegt über Buenos Aires, der Metropole des Tangos am Rio de la Plata; und sie entspricht der Geschichte Argentiniens: Vor hundert Jahren war Argentinien eines der zehn reichsten Länder, heute liegt es auf Platz 60.

Gemessen am pro Kopf GDP ist Argentinien also Dritte Welt. Politische Inkompetenz, Korruption und Überheblichkeit haben das Land dorthin gebracht. Der neue Präsident Javier Milei hat nun versprochen, den Verfall zu stoppen, Wirtschaft und Gesellschaft aus der Sackgasse zu befreien und das Land auf den Weg zu neuem Wohlstand zu bringen. Das erfordert schmerzhafte Maßnahmen; liebgewonnene Privilegien müssen verschwinden und ideologische Widerstände beseitigt werden. Damit das gelingt, muss Milei nicht weniger vollbringen als ein Wunder. Ist so etwas möglich? Die Antwort ist „Ja“.

Gut 1000 Kilometer westlich von Buenos Aires, hinter der gewaltigen Gebirgskette der Anden liegt Santiago. Welches Flair findet man dort? Hier ist es weder morbide noch elegant. Hier wird nicht gekleckert, sondern geklotzt. Die Stadt ist wie im Zeitraffer in die Höhe und in die Breite gewachsen. Konnte man sich früher im Gewirr der Straßen an den Gipfeln der Anden orientieren, so wird dieser Blick heute in allen Himmelsrichtungen durch gigantische Wolkenkratzer versperrt. Der stolzeste unter ihnen, „La Gran Torre“, ist mit 300 Metern das höchste Gebäude Südamerikas.

Neue Stadtautobahnen haben sich wie ein Teller Spaghetti auf den Grundriss der Stadt gelegt, aber trotz kilometerlanger Unterführungen braucht man immer zwei Stunden, um von A nach B zu kommen. Die Straßen quellen über mit SUVs, in denen Kinder zum Sport chauffiert werden, oder Señoras einen Parkplatz vor dem Coiffeur ihrer Wahl suchen.

Mit anderen Worten, Santiago hat all das, was den Begriff „nouveau riche" ausmacht.

Die Chicago Boys

Ja, Chile ist neureich und selbstbewusst, und es hat dieses Selbstbewusstsein durchaus verdient; es ist heute das erfolgreichste Land Südamerikas. 1987 lebten hier 62% der Bevölkerung in Armut, 2023 waren es nur noch 5%. In den 30 Jahren von 1980 bis 2010 ist dem Land der Sprung von der Dritten in die Erste Welt gelungen. Das war das „Milagro de Chile", das chilenische Wunder. Und das kam so:

1970 wurde Salvador Allende chilenischer Präsident. Er folgte dem sozialistischen Vorbild Cubas und verstaatlichte wichtige Industrien. Zusammen mit dem Boykott durch die USA führte das zum wirtschaftlichen Zusammenbruch des Landes, zu Unruhen in der Bevölkerung und zum Militärputsch im September 1973. Die neuen Machthaber griffen nun auf ein wirtschaftliches Konzept zurück, das Jahre zuvor von chilenischen Ökonomen, den „Chicago Boys", unter der Leitung von Wirtschafts-Nobelpreisträger Milton Friedman der University of Chicago ausgearbeitet worden war.

Viele von den Chicago Boys bekamen jetzt Positionen in der Militärregierung unter Pinochet und konnten die Wirtschaft des Landes wie auf einem weißen Blatt Papier neu konzipieren: streng marktwirtschaftlich, kapitalistisch, verbunden mit der Privatisierung wichtiger Institutionen, etwa der Sozialversicherung. Dieser Schritt wir heute im Rückblick als entscheidender Faktor in Chiles phantastischem Aufschwung bewertet.

Diktaturen

Viele der Veränderungen im System stießen natürlich bei dem einen oder anderen Teil der Bevölkerung auf Ablehnung, wurden aber dennoch durchgesetzt – man lebte ja in einer Diktatur. In dem Maße aber, wie die Erfolge der Wirtschaftspolitik fühlbar wurden, gewann die Regierung an Unterstützung und die Grausamkeiten des Putsches gerieten in den Hintergrund. 1980 wurde Pinochet von der Bevölkerung in einem Plebiszit mit deutlicher Mehrheit im Amt bestätigt, acht Jahre später verlor er bei einer erneuten Abstimmung, und Patricio Aylwin wurde neuer Präsident. Dieser sanfte Übergang in die Demokratie wird als die andere Hälfte des chilenischen Wunders betrachtet.

Man hat Milton Friedman vorgeworfen, er hätte dem General Pinochet geholfen. Hat er das? Friedman hat dem Land geholfen, nicht dem Diktator. Pinochet ist heute tot, aber Chile erfreut sich des Wohlstands.

Ein Diktator, der Tausende von Menschenleben auf dem Gewissen hat, kann seine Schuld durch nichts wieder gut machen, er kann sie nur noch verschlimmern. So hatte etwa Fidel Castro während eines halben Jahrhunderts kommunistischer Diktatur ein Vielfaches an politischen Morden zu verantworten. Aber er hat diese Schuld noch verschlimmert, indem er das Land über all die Jahre in elendster Armut gehalten hat. Dennoch wird er von vielen in ihrer naiven Wahrnehmung als Held gefeiert.

Das „argentinische Paradoxon“

Was kann Argentinien von Chile lernen? Die beiden Länder sind wie Brüder, sie haben viel gemeinsam, sind aber auch Konkurrenten. Argentinien ist der größere der beiden mit 45 Millionen Einwohnern, Chile hat nur 18 Millionen. Ist der größere Bruder bereit, vom kleineren zu lernen?

Beide Länder haben natürliche Ressourcen im Überfluss und dazu eine hoch entwickelte Kultur und gute Ausbildungsstandards. Was fehlt also noch zu wirtschaftlichem Erfolg? Wieso ist Argentinien so arm? Was ist das „Argentinische Paradoxon“.

Ursache ist die instabile Politik des Landes, die durch zu viel Irrationalität und zu wenig Kontinuität zu einer verhängnisvollen Berg- und Talfahrt geführt hat. Politik muss durch Fakten, Logik und Wahrscheinlichkeiten bestimmt werden. Argentinien braucht jetzt Profis in Sachen Wirtschaft, die genug Autorität haben, um Entscheidungen treffen und durchsetzen zu können. Jetzt helfen keine „Evitas“, jetzt braucht man „Chicago Boys“. Das kann der große Bruder vom kleineren lernen.

Es hätte da den idealen Mentor für den frisch gebackenen argentinischen Präsidenten gegeben: Sebastián Piñera, zweimaliger Präsident Chiles, erfolgreicher Unternehmer, Milliardär und Bruder des Chicago Boys José Piñera. Der interessierte sich sehr für Mileis Politik und gab Ihm in den Medien bereits gute Ratschläge. Dabei sollte es allerdings bleiben. Piñera verunglückte im Februar 2024 tödlich, als der Helikopter, den er selbst steuerte, in einen See stürzte.

In Sachen Militärdiktatur allerdings braucht Argentinien nichts von Chile zu lernen, da hat das Land selbst mit Videla, Galtieri und vielen anderen genügend schlechte Erfahrungen gemacht. Wollen wir Argentinien also - mit Mileis eigenen Worten - alles Gute wünschen:

“Viva la libertad, viva Argentina, carajo”

(Lang lebe die Freiheit, lang lebe Argentinien, verdammt noch mal)

(In eigener Sache: ich habe von 1977 bis 1986 in Chile gelebt. Wann immer ich in dieser Zeit Deutschland besuchte, fragte mich niemand, wie es dort wäre; jeder erklärte mir, wie es dort sei. Falls es Sie interessiert: Die Vorkommnisse während der chilenischen Diktatur sind akribisch analysiert und im „Rettig Report" von 1991dokumentiert worden.)

***

VIVA BENITO JUÁREZ

Der grüne Kolonialismus hat die mexikanische Halbinsel Yucatán entdeckt. In der Heimat der Maya sollen demnächst großflächige Photovoltaik-Anlagen und Windturbinen die Landschaft dominieren, riesige Industrieanlagen sollen zur Erzeugung von so genanntem grünem Wasserstoff und Ammoniak entstehen. Werden sich die Mexikaner gegen diese Intervention ebenso erfolgreich wehren wie schon einmal vor anderthalb Jahrhunderten?

Zum Abschied „La Paloma"

Mexiko ist eine Reise wert. Das Land pulsiert in einem Tumult aus Improvisation und Sinnlichkeit. Verkehrsregeln werden ignoriert, Mariachis trompeten wild durcheinander und die Frauen ziehen sich aufregend schön an. Die Seele blüht auf in diesem herrlichen Chaos, das irgendwie doch immer funktioniert. Die Menschen sind lateinisch-herzlich, und sie sind gefährlich. Ja, es gibt hier mehr Leben, es gibt aber auch mehr Sterben.

Das musste Maximilian erfahren, der jüngere Bruder von Kaiser Franz-Josef, der 1864 mit dreißig Jahren nach Mexiko geschickt wurde, um dort den Thron zu besteigen. Er war hingerissen von Kultur und Lebensart, und mit seiner Gattin Charlotte sprach er ab jetzt nur noch Spanisch.

Seine Liebe zu Land und Leuten wurde aber nicht erwidert. Benito Juárez und seine Truppen beendeten Maximilians Herrschaft, er wurde gefangen genommen und zum Tode verurteilt. Für seine Hinrichtung hatte er zwei Wünsche: Während die Schüsse fielen, sollte das Lied „La Paloma" ertönen; und die Soldaten des Kommandos sollten auf seinen Körper zielen, nicht auf den Kopf. Er wollte vermeiden, dass Bilder seines von Kugeln entstellten Antlitzes in die Geschichte eingingen. Die Männer bekamen für den Gefallen ein paar Goldstücke, die für den Verurteilten jetzt ja wertlos waren.

Das Lied wurde wie gewünscht gespielt, die tödlichen Treffer aber gingen geradewegs in des Kaisers Gesicht. Das ist Mexiko.

Das Ende der Welt

Es ist ein Ende, das man niemandem gönnt – und doch ist da im Unterbewussten ein heimlicher Wunsch, dass gewisse moderne Nachfahren Maximilians ein ähnliches Schicksal ereilen möge. Lassen Sie mich das erklären.

Zwischen Karibik und dem Golf von Mexiko liegt die Halbinsel Yucatán, etwa so groß wie Bayern, und fast genauso schön. Die Magie dieser Gegend hatte schon immer eine Anziehung auf Lebewesen aller Art, nicht nur auf die gefiederte Riesenschlange namens Quetzalcoatl (wie abgebildet), sondern auch auf normale Sterbliche wie die Maya. So entstand dort eine phantastische Zivilisation, mit widerstandsfähiger Architektur, heute noch sichtbar in Form der Pyramide von Chichen Itza. Auch entwickelte man höhere Mathematik, welche die Grundlage des Maya-Kalenders war, in dem sich das Ende der Welt für den 4. Dezember 2012 errechnete. Das war dann zufällig der Tag, an dem der CDU-Bundesparteitag Angela Merkel mit 97,94 % der Stimmen als Parteivorsitzende bestätigte.

Es bleibt nicht aus, dass hoch entwickelte Zivilisationen früher oder später durch Barbaren zerstört werden, und auch die magische Halbinsel Yucatán sollte nicht verschont bleiben. Die Barbaren des 21. Jahrhundert kommen jedoch nicht mit Keulen und Steinschleudern, sie zerstören ein Land mit Photovoltaik und Windmühlen.

Ammoniak aus Yucatán

Der grüne Kolonialismus hat neben Namibia, Dänemark und Feuerland nun auch diese magische Halbinsel entdeckt, wo riesige Industrieanlagen zur Erzeugung von so genanntem grünen Wasserstoff entstehen sollen. In der Heimat der Mayas sollen demnächst großflächige Photovoltaik-Anlagen und Windturbinen die Landschaft dominieren.

Der dort gewonnene Strom soll dann helfen, Deutschlands Energiewende zu retten. Dazu sind ein paar Schritte notwendig:

- Wind und Sonne in Yucatán erzeugen Strom
- Durch Elektrolyse wird aus dem Strom Wasserstoff H2
- Der ist aber für den Transport zu unhandlich, deshalb macht man daraus Ammoniak NH3
- NH3 wird gekühlt, unter Druck verflüssigt und auf spezielle Schiffe verladen
- Die Schiffe fahren zwischen Kuba und Florida auf Kurs Nordost über den Atlantik und landen nach zwei oder drei Wochen in einem deutschen Hafen
- Hier wird das NH3 entladen und unter Druck in einen Speicher transportiert
- Bei Bedarf wird das NH3 dann zurück in H2 verwandelt
- Der H2 wird über Brennstoffzellen oder Gasturbinen dann verstromt und ins Netz gespeist.

Wir brauchen die Schritte nicht einzeln durchzurechnen, um zu erkennen, dass das Ganze grotesk unökonomisch ist – was natürlich nicht ausschließt, dass an dem Prozess Beteiligte dabei stinkreich werden.

Deutschlands ökologische Anstrengungen zum Einsparen von CO2 waren und sind angesichts des geringen globalen Anteils ohnehin nur symbolisch, und seit China das Pariser Abkommen von 2015 verlassen hat, sind sie weniger als symbolisch – sie sind idiotisch.

Torschlusspanik

Wenn auch die mathematische Kompetenz unserer grünen Regierenden eher gemäßigt ist, so dürften sie dennoch erkannt haben, dass 14 % Wählergunst, Tendenz südwärts, für die mittelfristige Zukunft keine guten Aussichten bieten, vorausgesetzt, dass die demokratische Grundordnung weiterhin gilt. In den verbleibenden Monaten kann man dann versuchen, so viel Tafelsilber wie möglich zu verscherbeln, jeder auf seine Art. Annalena sucht sich noch ein paar hunderttausend Kilometer entfernte Locations, wo kulturelle Aneignungen aus der Kolonialzeit gutzumachen sind, und unser Minister für alles versucht, die Welt umzugestalten, wie er es in seinen Märchenbüchern beschrieben hat. Und bei alledem hat irgendjemand vergessen, die Richtlinien der Politik zu bestimmen.

Wäre das nicht der richtige Zeitpunkt für die gefiederte Riesenschlange, um die Zähne zu zeigen, oder für einen Nachfahren von Benito Juárez, der die Profiteure dieses Wahnsinns zwar nicht erschießen lässt, aber doch wenigstens zum Teufel jagt. Und wenn schon all das nicht gelingt, dann könnte ja vielleicht durch höhere Gewalt wieder so ein Himmelskörper in Yucatán einschlagen, wie er schon einmal dort landete, und den Dinosauriern den Garaus machte.

***

EINE RUSSISCHE PROPHETIN

Liebe Leserinnen und Leser, dieses Wochenende wartet eine Hausaugabe auf Sie. Bitte finden Sie für die *kursiv* gedruckten Zitate Beispiele aus der aktuellen deutschen Politik, und teilen Sie diese als Leserbrief mit. Leisten Sie so einen Beitrag zur Dokumentation der seherischen Fähigkeiten der Heldin dieses Posts.

Ein zeitloser Roman

Alisa Zinovyevna Rosenbaum wurde in St. Petersburg geboren. Sie erlebte als Teenager die bolschewistische Revolution und emigrierte mit zwanzig solo nach New York. Dort verkürzte sie ihren Namen auf Ayn Rand und begann zu schreiben. Anfängliche Ablehnung durch Verlage entmutigte sie nicht, und schließlich wurden ihre Bücher in Millionenauflagen gedruckt, darunter ihr Hauptwerk „Atlas Shrugged (der Streik)".

Der dystopische Roman beschreibt ein Amerika, in dem die Versager das Sagen haben; wo Politiker, die nichts leisten, zunehmend an Einfluss gewinnen, um auf Kosten der Tüchtigen zu leben. Ein Konglomerat von Plünderern („looters") und Schnorrern („moochers") greift per Gesetz und Korruption von Tag zu Tag stärker in alle Lebensbereiche ein.

Stellen Sie sich nun vor, dieses Buch wäre nicht 1956 geschrieben worden, sondern es wäre heute erschienen, und es wäre der aktuellen deutschen Politik gewidmet.

Finden Sie die Ähnlichkeiten

Was diese Politiker perfekt beherrschen, ist die Entkernung der Sprache von jeglicher Logik. Ihre Kommunikation ist der systematische Missbrauch von Vokabeln, welche eigens zu diesem Zweck laufend neu geschaffen werden und die aller vernünftigen Argumentation den Boden entziehen. (z.B. die Vokabel „Rechts"; finden Sie mehr Beispiele)

Die Autorin definiert ganz klar die Verantwortungen des Staates, und sie klagt, dass die Regierenden genau das Gegenteil verfolgen:

„Die Regierung ist da, um uns vor Verbrechern zu schützen, und die Verfassung ist da, um uns vor der Regierung zu schützen."

(Fallen Ihnen Beispiele ein?)

„Es gibt noch etwas Feigeres als den Konformisten; es ist der politisch korrekte Nonkonformist."

(Vielleicht die mutigen Demonstranten gegen rechts?)

„Eine Absurdität, der man heute nicht widerspricht, wird morgen zur Leitidee."

(Wie viele Geschlechter gibt es nun?)

„Wenn Sie merken, dass man, um etwas zu produzieren, die Erlaubnis von Personen braucht, die selbst nichts produzieren ..."

(Wie war das mit dem Atomstrom?)

„... und wenn Sie erkennen, dass die Gesetze nicht mehr Sie vor den Regierenden schützen sollen, sondern umgekehrt, dann ist Ihr Land dem Untergang geweiht."

(…)

Kein Retter am Horizont

Im Roman erscheint nun ein führender Industrieller und genialer Erfinder, namens John Galt. Der will sein Land vor der Zerstörung durch die Parasiten retten. Er fordert Gleichgesinnte auf, aus Protest gegen den politischen Verfall die unternehmerische Arbeit niederzulegen, um so das Land in den Stillstand zu zwingen. Bald stockt die Versorgung und die Bevölkerung wird rebellisch.

Der Präsident in Washington erkennt die Gefahr für sich und sein Regime. Er kündigt eine wichtige Rede im staatlichen Rundfunk an. Als Zugpferd für die Massen hat er keinen anderen als Erzfeind John Galt eingeladen, der inzwischen wie Robin Hood verehrt wird. Vor dem Mikrophon provoziert er ihn, der doch angeblich alles besser weiß, mit der Frage, was die Regierung in dieser kritischen Lage denn tun solle. Galts Antwort: *„Get out of the way.“*

Wäre das nicht die richtige Botschaft an unsere Regierenden in Berlin?

***

UNGLEICHE BRÜDER

Ein Mann von 25 Jahren hat Charakterzüge angenommen, die ihn kennzeichnen; sein Lebenslauf weist bereits Leistungen oder auch Verfehlungen auf, für die nur er selbst die Verantwortung trägt. Man wird ihn einschätzen und vielleicht an Gleichaltrigen messen. Unser Kandidat, das 21. Jahrhundert, wird demnächst 25. Das ist ein guter Zeitpunkt, um Bilanz zu ziehen und Vergleiche zu Gleichaltrigen anzustellen. Dazu möchte ich ihn einem älteren Bruder gegenüberstellen: dem 19. Jahrhundert. Was hatte das 19. Jahrhundert in seinen ersten 25 Jahren hervorgebracht und was das 21.?

Atome und Elemente

War das junge 19. Jahrhundert ein Musterknabe oder ein Rabauke, ein Frohgeist oder ein Misanthrop? Es hatte auf jeden Fall geniale Züge.

Im Jahr 1803 formulierte John Dalton die Theorie, dass alle Materie aus Atomen besteht und dass deren Masse bestimmt, um welches Element es sich handelt. Aus Masse 1 wird beispielsweise Wasserstoff und 12 ergibt Kohlenstoff. Der Russe Dimitri Mendeleev baute daraus das Periodensystem der Elemente auf, das Fundament für die moderne Chemie. Der dänische Physiker Hans Christian Ørsted wiederum entdeckte zu dieser Zeit, dass elektrische Ströme Magnetfelder erzeugen, und Michael Faraday zeigte, dass diese Magnetfelder, wenn sie sich verändern, elektrischen Strom induzieren. Diese Entdeckungen bescherten uns die diversen Segnungen der Elektrizität.

Aber auch auf philosophischen Gebieten war das junge 19. Jahrhundert durchaus kreativ: Goethe vollendete 1808 seinen „Doktor Faustus“, Schopenhauer veröffentlichte „Die Welt als Wille und Vorstellung“ und Hegel die „Phänomenologie des Geistes.“ Das waren anspruchsvolle Werke, aber für die Leserschaft von damals offensichtlich so attraktiv, dass noch heute Straßen nach den Autoren benannt sind.

Eine Hübsche, die alles zeigt

Doch nicht nur der kühle, logische Verstand war damals aktiv, auch für die Sinne wurden bleibende Werke geschaffen: Beethoven komponierte mit seinem 5. Klavierkonzert ein musikalisches Monument für die Ewigkeit und für Opernfreunde schrieb er „Fidelio", während Rossini den „Barbier von Sevilla" ersann. Derweil malte Delacroix die furchtlose Marianne, welche, Trikolore in der Faust, das Volk in die Freiheit führte. Francisco de Goya wiederum malte für uns 1800 die „maja desnuda", die Hübsche, die alles zeigt, und vier Jahre später zeigt er sie nochmals, diesmal im Negligé.

Zu der Zeit erforscht Alexander von Humboldt Südamerika und auch das Land Ecuador, wo er 1802 den knapp 6000 Meter hohen Chimborasso bestieg, den damals höchsten, von Menschen erklommenen Gipfel.

Das also, und noch viel, mehr brachten die ersten 25 Jahre des 19. Jahrhunderts hervor. Es war eine erstaunliche Dichte an „Sternstunden der Menschheit". Aber kann es mit den Leistungen mithalten, die unser 21. Jahrhundert bislang hervorgebracht hat?

Ein diverser Boxkampf

In musikalischer Hinsicht wegweisend ist heute der Geschmack unseres Staatsoberhauptes: Er genießt Kompositionen von „Feine Sahne Fischfilet" in der schlichten Umgebung von Schloss Bellevue. Die schönen Künste Europas erlebten wiederum einen Höhepunkt zur Eröffnung der Olympiade 2024. Das Motto war: „Wir kommen zwar nicht ganz an Leonardo ran, aber wir können ihn auf jeden Fall lächerlich machen." So bestückte man in einer Montage die Figuren des Abendmahls mit ausgesucht abstoßenden Gestalten. Es war eine groteske „Hommage" an das vielleicht größte Genie aller Zeiten und eine Ohrfeige für die Christen dieser Welt. Zeigen sich hier etwa bereits Charakterzüge des jungen 21. Jahrhunderts? Und wenn ja, welche? Mut und Schöpferkraft oder eher Feigheit und Neid?

Schauen wir weiter in Olympia hinein. Als Willkommensgruß an die Jugend aus aller Welt zu sportlichen und friedlichen Spielen zeigte man aus allen Perspektiven die Enthauptung einer schönen jungen Königin. Den genialen Schöpfern dieser lustigen Idee war vielleicht entgangen, dass die internationalen Athleten aus Kenia oder Pakistan keine Ahnung hatten, wer Marie Antoinette wohl wäre, und warum es diese unfreundliche Behandlung verdient hat. Egal - der Schöpfer selbst wird seinen Witz schon verstanden haben, und das ist die Hauptsache.

Eine Innovation gab es dann auch auf sportlicher Ebene. Noch nie zuvor, zumindest auf einer Tribüne und vor aller Augen, war eine Frau von einem Mann so zusammengeschlagen worden. Es handelte sich um einen offiziellen olympischen Boxkampf à la 2024, der einer weichenstellenden Erkenntnis des frühen 21. Jahrhunderts Rechnung trug: Über Jahrtausende war die Menschheit dem Irrtum aufgesessen, dass es Mann und Frau gäbe. Heute weiß man, dass jeder sein Geschlecht selbst bestimmen kann, und zwar einmal pro Jahr. Da hatte die arme Boxerin eine schlechte Karte gezogen. Der Mike Tyson, auf den sie im Ring traf, hatte sich am Tag zuvor auf Michelle umtaufen lassen und war jetzt eine legitime Frau.

Die Meister der Kleister

Ansonsten sind die schönen Künste im frühen 21. Jahrhundert in den Händen und Gesäßen der Straßenkleber angekommen. Ihre ursprüngliche Devise war ja „Wir haben zwar keine anständige Arbeit, aber wenigstens hindern wir die anderen auf dem Weg dorthin“. Diese Maxime wurde dann konsequent auf einer höheren kulturellen Ebene fortgesetzt. Man klebte sich fortan nicht mehr an den Asphalt, sondern an kulturelle Schätze der Vergangenheit, mit zwinkerndem Einverständnis der jeweiligen Museumsdirektionen.

Bei dieser Vielfalt an kulturellen Höhepunkten dürfen wir die Wissenschaften nicht vergessen. Das frühe 21. Jahrhundert erlebte eine Sternstunde, welche in die Annalen der medizinischen Forschung eingehen wird. Man entwickelte ein Virus, welches auf mysteriöse Weise aus einem chinesischen Labor den Weg in die Freiheit fand, um sich dann, dank geschickter genetischer Optimierung, rasch über den Planeten auszubreiten. Der pharmazeutischen Wissenschaft gelang es dann in überraschender Geschwindigkeit, in „warp speed“, einen Impfstoff zu entwickeln, der dem Virus zwar nichts anhaben konnte, dafür aber den Empfängern des Stoffs ein Kaleidoskop an hässlichen Nebenwirkungen bescherte.

Der ärztliche Schwur *„Primum non nocere“* (zuallererst keinen Schaden anrichten) war zu *„Lucrum non nocet“* mutiert (Profit kann nie schaden).

Vom Atlantik in den Pazifik

Wir hatten ja behauptet, dass ein Mann von 25 Jahren Charakterzüge angenommen hat, die ihn kennzeichnen; und dass sein Lebenslauf dann Leistungen oder auch Verfehlungen aufweist, für die nur er selbst die Verantwortung trägt. Da sind bei den beiden Brüdern, dem frühen 19. und dem frühen 21. Jahrhundert, doch einige Unterschiede zu beobachten, die wir hier aber nicht werten wollen. Es gibt da noch ein weiteres psychologisches Experiment: Die Brüder wurden einem identischen Schicksalsschlag von höherer Gewalt ausgesetzt, und es ist interessant, die unterschiedlichen Reaktionen zu vergleichen.

Am 20.11.1817 schrieb der Präsident der ehrwürdigen Royal Society of London an die Admiralität seiner Königlichen Hoheit Goerge III *folgenden Brief:*

"It will without doubt have come to your Lordship's knowledge that a considerable change of climate, inexplicable at present to us, must have taken place in the Circumpolar Regions, by which the severity of the cold that has for centuries past enclosed the seas in the high northern latitudes in an impenetrable barrier of ice has been during the last two years, greatly abated.

(This) affords ample proof that new sources of warmth have been opened and give us leave to hope that the Arctic Seas may at this time be more accessible than they have been for centuries past, and that discoveries may now be made in them not only interesting to the

advancement of science but also to the future intercourse of mankind and the commerce of distant nations."

Bei Potemkin zu Hause

Kurz gesagt: Der Präsident der königlichen Forschungsgesellschaft teilte mit, dass sich in den nordpolaren Regionen eine Wärmequelle unbekannten Ursprungs aufgetan hätte, welche die unerbittliche Kälte, die bislang das Polarmeer durch Barrieren aus Eis verschlossen hielt, zunehmend abschwächen wird. Das ermögliche Entdeckungen, die nicht nur für den Fortschritt der Wissenschaften interessant sind, sondern auch für die Mobilität der Menschheit und den Handel zwischen entfernten Nationen.

Schon damals also gab es Global Warming, und man verfolgte mit Optimismus dessen Segnungen für die Schifffahrt, und hoffte, dass eines Tages die Fahrt vom Atlantik in den Pazifik möglich würde, ohne das gefürchtete Kap Horn runden zu müssen. Man begegnete diesem Phänomen also mit anderer Haltung, als dies heute im 21. Jahrhundert der Fall ist. Heute muss alles für die Rettung des Klimas geopfert werden. Aber könnte es nicht sein, dass eines Tages die geheimen Dokumente zum Thema Erderwärmung ebenso aufgedeckt werden, wie kürzlich die Corona-Protokolle. Und dass uns dann vor Augen geführt würde, welchem gigantischen Schwindel wir aufgesessen sind?

Welche Charakterzüge also wollen wir unserem inzwischen 24-jährigen Jahrhundert zuschreiben? Ich behaupte, der junge Mann ist zu feige, um der Wirklichkeit ins Auge zu sehen. Und so zimmert er sich mit dem von Papa geerbten Geld ein Potemkin'sches Dorf zurecht. Und wer auch immer ihn auf einen Wahn hinweist, der bekommt eine Salve von Schmähungen ins Gesicht. Und was denkt er über den erfolgreichen Bruder, mit dem wir ihn verglichen haben? Von dem hat er keine Ahnung; „Der war bestimmt ein Nazi."

***

BOBBY COME BACK

Im September 2024 verstarb Kris Kristofferson. Er hinterlässt nicht nur acht Kinder, sondern einen Korb voller Lieder aus einer Zeit, in der die Liebe und die Lust am Leben wichtiger waren als Klima und Gender. Einer seiner Songs ist diesem Thema gewidmet.

Den Mississippi abwärts

Die Geschichte ist schnell erzählt: Baton Rouge ist eine unauffällige Großstadt am Mississippi, allenfalls bekannt für ihre folkloristische Küche. Da war ein Mädchen, das war unglücklich, und alles, was sie hatte war kein Geld. Sie war auf dem Weg zum Bahnhof, um irgendwie nach New Orleans zu kommen, gut eine Stunde flussabwärts. Das Wetter war so trostlos wie ihre Seele, und es fing an zu regnen. Da traf sie auf Bobby, der es per Anhalter versuchte. Ein Truck hielt und nahm die beiden die ganze Strecke mit.

Man machte es sich im Cockpit gemütlich, Bobby spielte Gitarre und sie begleitete ihn auf der Harp. Der Fahrer summte mit und die Scheibenwischer schlugen im Takt, denn es hatte angefangen zu regnen. Und da wurde ihr klar: Frei ist man nur, wenn man nichts mehr zu verlieren hat. Und dann ist es so leicht, glücklich zu sein, besonders, wenn Bobby den Blues singt.

Die beiden blieben zusammen, reisten durch das weite Land und hatten keine Geheimisse voreinander. Aber dann, in Kalifornien, in Salinas, da passte sie nicht auf ihn auf und er verschwand ganz plötzlich. Das machte sie traurig, und sie würde jetzt all ihre Zukunft für ein einziges Gestern tauschen, mit Bobby an ihrer Seite, der sie warm hält. Es war so einfach glücklich zu sein, wenn Bobby den Blues sang. Aber jetzt war er verschwunden, und sie hofft, dass es ihm gut geht.

Wie das Leben so spielt

Was ist aus den beiden geworden? Lassen sie uns ein wenig phantasieren: das Mädchen suchte nach der Trennung ihr Glück in Drogen. Das ging nicht gut und sie verstarb im Oktober 1970, gerade mal 27

Jahre alt. Ihr Name: Janis Joplin. Aber Bobby, genauer gesagt Bobby McGee, alias Kris Kristofferson hatte noch ein langes Leben vor sich, und er würde noch so manchem hübschen Mädel den Blues singen. Er verstarb vor zwei Wochen mit 88 Jahren im Kreise seiner Familie, und er hinterlässt acht Kinder. Er war nicht nur Songwriter und Country-Sänger, er war auch als Helikopterpilot für die US Army in Vietnam unterwegs und hatte einen Master in Literaturwissenschaften.

Was ihn aber berühmt machte war nicht zuletzt das 1969 geschriebene „Me and Bobby McGee". Die beiden sind natürlich keine historischen Figuren, und, altmodisch wie man damals war, ist Bobby ein Kerl, wenn das Lied von einer Frau gesungen wird, wie von Janis Joplin, und umgekehrt eine Frau, wenn es ein Mann singt, so wie von Kris Kristofferson.

Mit ihm ist einer der letzten Giganten gegangen, der eine Epoche verkörperte, in der Freiheit, Freude und Liebe das Leben färbten, und in der Toleranz nicht gepredigt, sondern gelebt wurde. Heute, gerade mal ein halbes Jahrhundert später, wird uns vorgeschrieben, wovor wir Angst haben müssen, welche Vokabeln wir vermeiden müssen, und welche verwenden, um akzeptiert zu sein. Die einzige Freiheit, die wir haben besteht darin, einmal pro Jahr das Geschlecht zu wechseln. Das konnte aber Bobby McGee damals auch schon. Und heute würden die beiden neben dem Fahrer nicht mit Gitarre und Mundharmonika spielen, sondern mit ihren Smartphones. Das ist Fortschritt. Tempora mutantur, nos et mutamur in illis.

Wäre man damals in eine Zeitmaschine gestiegen und hätte eine Dokumentation des Lebens in den heutigen Zwanziger Jahren des 21. Jahrhunderts gedreht, der Film wäre damals in einem dieser Programmkinos gezeigt worden, wo sonst Orwells 1984 oder Huxleys Brave New World laufen.

***

3000 JAHRE AUF DEM IRRWEG

3000 Jahre lang, von Pythagoras bis Picasso, von Homer bis Hemingway hat man im Abendland alles falsch gemacht. Man dachte, Männer müssten tapfer sein und Frauen treu, Städte sollten schön sein und Politiker klug, Feinde wurden bekämpft und Freunden wurde geholfen.

Heute wissen wir, dass das alles falsch war. Durch wohl überlegte „Wenden“ werden wir aus diesem Labyrinth der Irrtümer befreit und auf den Weg in die Gerechtigkeit gebracht, auf dem wir nebenher noch den Rest der Welt und das Klima retten. Relikte aus der dunklen Epoche werden korrigiert, etwa James Bond Filme, und man wird nicht halt machen, bis auch die Ilias und Odyssee mit Trigger Warnungen versehen sind.

Weder ehrlos noch schamlos

Welches Gefühl befällt Sie beim Lesen der folgenden Worte? Bitte mit lauter Stimme: Glaube - Schönheit – Ehre - Weisheit – Pflicht - Vaterland. Falls jemand zugehört haben sollte, wird man Sie jetzt mit Verwunderung fragen, was das soll. Diese Dinge sind doch nicht zeitgemäß.

Schauen wir uns aber die letzten 3000 Jahre Abendland an, dann gab es nirgends und niemals eine Epoche, in der einer dieser Werte geächtet gewesen wäre. Natürlich hat so mancher nur getan, als ob; natürlich waren viele Menschen weder schön noch weise, natürlich haben viele ihre Pflicht vernachlässigt oder ihr Vaterland verlassen. Die Konnotation dieser Begriffe aber war stets positiv, und jeder hat Anstrengungen unternommen, einen Beitrag zu leisten, oder zumindest den Anschein zu erwecken; alles andere wäre als „ehrlos“ oder „schamlos“ bezeichnet worden.

Es ist nicht zu leugnen, dass das Abendland in diesen 3000 Jahren viel geschaffen hat, das vom Rest der Welt gerne und ohne Zwang übernommen wurde. Und es könnte sein, dass erwähnte Werte, wie abstrakt auch immer sie im Dasein gewirkt haben mögen, mit dieser zivilisatorischen Leistung im Zusammenhang stehen.

007 – Persona non grata

Seit einem halben Jahrhundert, oder etwas mehr, verändert sich die Wertung dieser Begriffe. Sie haben heute eine peinliche, lächerliche oder schlicht negative Konnotation. Insbesondere in Deutschland ist das der Fall, begleitet von einer fühlbaren gesellschaftlichen, wirtschaftlichen und kulturellen Dekadenz. Was ist Ursache und was ist Wirkung? Das sollen Soziologen entscheiden, wenn sie nicht gerade mit der Rolle der Herero-Frau bei der ökologischen Rinderaufzucht in Etosha beschäftigt sind. Ich möchte nur im geistigen Probehandeln mögliche Ursachen und Wirkungen durchspielen, wobei ich nicht ganz im luftleeren Raum operieren muss, da ich in der Zeit vor der „Werte-Wende" aufgewachsen bin.

Fest steht jedenfalls, dass die politisch-mediale Elite der Gegenwart ein ganz klares Urteil gefällt hat: 3000 Jahre lang wurde alles falsch gemacht. Heute wissen wir, wie es richtig geht. Man kann den Zeitpunkt dieser Erleuchtung bestimmen, indem man untersucht, in welchen alten James-Bond Filmen „Trigger-Warnungen" den sensiblen Betrachter von heute vor seelischem Schaden schützen müssen: Alles Material bis „You Only Live Twice" braucht solche Warnungen und „Pussy Galore" aus „Goldfinger" (siehe Bild) braucht mindestens zwei. Ab dann aber wurde politisch korrekt gedreht - wir sprechen vom Jahr 1968. Das könnte sozusagen der Beginn einer neuen Zeitrechnung sein.

Der Chatbot hat die Antwort

Eine gute Quelle für politisch korrekte Aussagen ist der Chatbot ChatGPT. Ich habe ihn gefragt, warum in der klassischen Musik die Frauen im Gesang, am Klavier oder in den Orchestern ebenso häufig zu Weltruhm gelangen wie Männer, während erfolgreiche Komponisten und Dirigenten durchwegs männlich sind. ChatGPT antwortete, es läge an der gesellschaftlichen Voreingenommenheit, und das sagte er fünf Mal in fünf verschiedenen Formulierungen.

Ich fragte ihn dann nochmal, warum bei Space X fast nur männliche Ingenieure wären, und bekam wieder eine ähnliche Antwort. Was ihm nicht in seinen beschränkten AI-Sinn kann war, dass Interesse und Veranlagungen zwischen Männern und Frauen sehr verschieden gelagert sind: Frauen interessieren sich für Menschen und Männer interessieren sich für Dinge. Oder sollte man besser sagen: „Männer interessieren sich für Ideen und Frauen interessieren sich für Männer?“ Entscheiden Sie!

***

ENDE

Quellnnachweis:

wahnhafte störungen	bild: hundeo.com
wer gegen monster kämpft	yoltonsart
gigawatt – die masseinheit	daoudi aissa / unsplash
käufliche wissenschaft	bild: rachel ashcroft
ein pavian im bundestag	bild: pixabay / 6989455
typisch grün -typisch deutsch	rolf sachs / koeln.de
der staat ist nicht die lösung	hindustan times
3000 jahre auf dem irrweg	united artists
nietzschje hatte unrecht	iai television
deutsch südwest afrika 2-0	le roux van schalkwyk
gut gemeint	jan-hendrik de villiers
verbotene namen	private
energiewende in südafrika	alex fleming
roter wassersoff aus namibia	namibian chamber of environment
ein falscher kredit	joel bogner / unsplash
francisco in berlin	elea emanuel / unsplash
ein burggraben um den reichstag	kettner edelmetalle
mehrheit, wahrheit und grüne doktrin	amazon
schwarmintelligenz	research gate
erwachsen werden	istock / zarifa
erwachsen werden 2	unsplash/wedding dreamz
ist klimawandel ein aprilscherz?	jack napier / bear jokes
lektionen von mutter sonne	bild : v2osk/unsplash
die wolkenmacher	oseph barrientos / unsplash
gefühlte temperaturen	chicago health magazine
global warming – halb so schlimm	jarosław kwoczała / unsplash
physik und klimawandel	taton moise / unsplash
wird dubai die wende bringen?	private
rettet prometheus	mary plage / getty images
energiewende – jetzt in einfacher sprache	blackstone publishing
rückenwind für das e – auto	dreamstime
die welt setzt auf kohle	un environment programme
es ist die rache und nicht das co2	lukas lehotsky, morotz mentges / unsplash
deutschlands nukleare geisterfahrt	klaus iohannis/x
die bombe für die mullahs	pixabay
three mile island geht wieder ans netz	mediate
mehr geld für mehr kernkraft	iaea
rückbau	joe halimar / unsplash
wunderwaffe thorium	marvel cinema universe

der gute wolf von tschernobyl	marc-olivier jodoin / unsplash
landeklappen und scheuklappen	ben ashby / unsplash
das desaster von tokio	sebastian grochowicz / unsplash
pilotenfehler bei boeing	axios
ein planet mehr am himmel	nasa
pioniere in der sackgasse	pokedex int‘l
rückflug verspätet sich	wikipedia.org
illusionen im cockpit	andres dallimontiim / unsplash
taurus – kein unbekanntes flugobjekt	brian 1968 / unsplash
das wunder am zambesi	graham bould
don’t cry for me argentina	turismo chile
viva benito juarez	history skills
eine russische prophetin	national postal museum
ungleiche brüder	britannica
bobby come back	the guardian
cover background	Jr kopra / unsplash

Made in the USA
Middletown, DE
05 November 2024